Geodäsie

Herkunft und Entwicklung

WATZECK HOME STUDIUS DIGITAL
2024

VORWORT

Die Geodäsie, die Wissenschaft der Vermessung und Darstellung der Erde, hat eine reiche und faszinierende Geschichte, die bis in die Anfänge der Zivilisation zurückreicht. Von den alten Ägyptern, die Geometrie zur Vermessung ihres Ackerlandes verwendeten, bis hin zu modernen Satelliten, die den globalen Klimawandel überwachen, hat die Geodäsie eine entscheidende Rolle bei der Erweiterung des menschlichen Wissens gespielt.

Dieses Buch, „Geodäsie – Ursprung und Entwicklung", ist eine Reise durch Zeit und Raum und untersucht, wie sich diese Disziplin im Laufe der Jahrhunderte entwickelt hat. Geodäsie ist eine multidisziplinäre Wissenschaft, die Elemente aus Mathematik, Physik, Astronomie und Technologie umfasst. Ihre Entwicklung spiegelt den Fortschritt des wissenschaftlichen Denkens und die Entwicklung von Werkzeugen und Techniken wider, die es uns ermöglichen, unseren Planeten besser zu verstehen.

In diesem Buch werden wir die Beiträge bedeutender historischer Persönlichkeiten untersuchen, von antiken griechischen Geometern bis hin zu Weltraumwissenschaftlern. Wir werden untersuchen, wie Fortschritte bei Instrumenten und Technologien die Art und Weise verändert haben, wie wir die Erde messen und darstellen. Und schließlich werden wir moderne Anwendungen der Geodäsie diskutieren, von Navigation und Ingenieurwesen bis hin zu Umweltüberwachung und natürlichem Ressourcenmanagement.

Das Schreiben dieses Buches war eine Reise der Entdeckung und des Lernens. Ich hoffe, dass die Leser es als eine reiche Quelle der Information und Inspiration empfinden, so wie ich es bei seiner Entstehung tat. Geodäsie ist nicht nur eine technische Wissenschaft; sie ist ein Fenster in die Menschheitsgeschichte und unser fortwährendes Bemühen, die Welt um uns herum zu verstehen.

Ich möchte allen danken, die direkt oder indirekt zu dieser Arbeit beigetragen haben. Und den Lesern, deren Neugier und Lernbereitschaft die wahre Motivation für das Schreiben dieses Buches sind.

Möge diese Arbeit ein Ausgangspunkt für neue Erkundungen und Entdeckungen in der faszinierenden Wissenschaft der Geodäsie sein.

Mit Anerkennung,

José   Ruiz   Watzeck.

Zusammenfassung

EINFÜHRUNG

Die Geodäsie, eine der ältesten und modernsten Wissenschaften, ist die Grundlage vieler unserer technologischen und wissenschaftlichen Fortschritte. Seit den frühesten Tagen der Zivilisation trieb das Bedürfnis, unsere Welt zu vermessen und zu kartieren, die Entwicklung von Techniken und Instrumenten voran, die im Laufe der Jahrhunderte immer weiter perfektioniert wurden.

Das Wort „Geodäsie" stammt aus dem Altgriechischen und bedeutet wörtlich „Teilung der Erde". Geodäsie ist jedoch viel mehr als nur die Teilung oder Vermessung der Erde. Es ist die Wissenschaft, die es uns ermöglicht, die Form, die Orientierung im Raum und das Gravitationsfeld der Erde zu verstehen. Die Anwendungsgebiete reichen von der Kartografie und Navigation bis hin zum Management natürlicher Ressourcen und der Umweltüberwachung.

Dieses Buch, „Geodäsie – Ursprung und Entwicklung", soll ein umfassender Leitfaden sein, der die Entwicklung dieser Wissenschaft von ihren Anfängen bis zur Gegenwart abdeckt. Unterteilt in Kapitel, die sowohl die historische Entwicklung als auch technologische Fortschritte und zeitgenössische Anwendungen behandeln, soll das Buch dem Leser eine vollständige und integrierte Sicht der Geodäsie bieten.

Im ersten Kapitel werden wir die grundlegenden Konzepte und Definitionen der Geodäsie vorstellen, sie von anderen Disziplinen abgrenzen und ihre Bedeutung hervorheben. Im zweiten Kapitel begeben wir uns auf eine Reise durch die

Geschichte, erkunden die ersten Versuche antiker Zivilisationen, die Erde zu vermessen, gehen durch die entscheidende Rolle der Astronomie im Mittelalter und erreichen die großen Fortschritte der Revolution. Wissenschaftlich.

Im Folgenden werden wir uns mit der modernen Ära befassen, in der die Genauigkeit geodätischer Messungen dank der Entwicklung neuer Instrumente und Techniken exponentiell zugenommen hat. Das Weltraumzeitalter brachte eine Revolution in der Geodäsie mit sich, da Satelliten ein detaillierteres und präziseres Verständnis unseres Planeten ermöglichten.

In den letzten Kapiteln werden wir die neuesten Technologien und zukünftigen Richtungen der Geodäsie diskutieren und ihre praktischen Anwendungen in verschiedenen Bereichen sowie die Herausforderungen untersuchen, vor denen wir noch stehen. Die Geodäsie wird sich mit ihren Schnittstellen zu anderen Wissenschaften und Technologien weiterentwickeln und neue Werkzeuge und Erkenntnisse zur Lösung der Probleme unserer Welt bieten.

Ich hoffe, dass dieses Buch nicht nur informiert, sondern auch inspiriert. Geodäsie ist eine lebendige Wissenschaft voller spannender Entdeckungen und unbegrenzter Möglichkeiten. Möge dieses Werk als Einladung dienen, den Reichtum und die Tiefe dieser faszinierenden Disziplin zu erkunden und zu schätzen.

Egal, ob Sie Student, Berufstätiger oder einfach nur neugierig sind, ich lade Sie ein, auf diese Reise durch Zeit und Raum einzutauchen und die Geodäsie in all ihren Dimensionen zu entdecken.

KAPITEL 1: DEFINITION UND GRUNDLEGENDE KONZEPTE

Was ist Geodäsie?

Geodäsie ist die Wissenschaft, die sich mit der Form, den Abmessungen und dem Gravitationsfeld der Erde beschäftigt. Sie ist für die Messung und Darstellung der Erdoberfläche unter Berücksichtigung ihrer natürlichen und künstlichen Variationen zuständig. Darüber hinaus befasst sich die Geodäsie mit der Entwicklung von Referenzsystemen, die für die Kartografie, Navigation und andere geografische Anwendungen unverzichtbar sind.

Im Wesentlichen kombiniert die Geodäsie Aspekte der Mathematik, Physik und Astronomie, um ein genaues und detailliertes Verständnis unseres Planeten zu ermöglichen. Das Hauptziel besteht darin, die Position von Punkten auf der Erdoberfläche unter Berücksichtigung von Variationen in der Form und im Gravitationsfeld der Erde mit höchstmöglicher Präzision zu bestimmen.

Grundlegende Begriffe und Konzepte

Um die Geodäsie zu verstehen, ist es wichtig, sich mit einigen grundlegenden Begriffen und Konzepten vertraut zu machen:

Referenzellipsoid: vereinfachtes mathematisches Modell der Erde, das zur Erleichterung geodätischer Berechnungen eine ellipsoidische Form annimmt. Das Referenzellipsoid wird so

angepasst, dass es der tatsächlichen Form der Erde so nahe wie
möglich kommt.

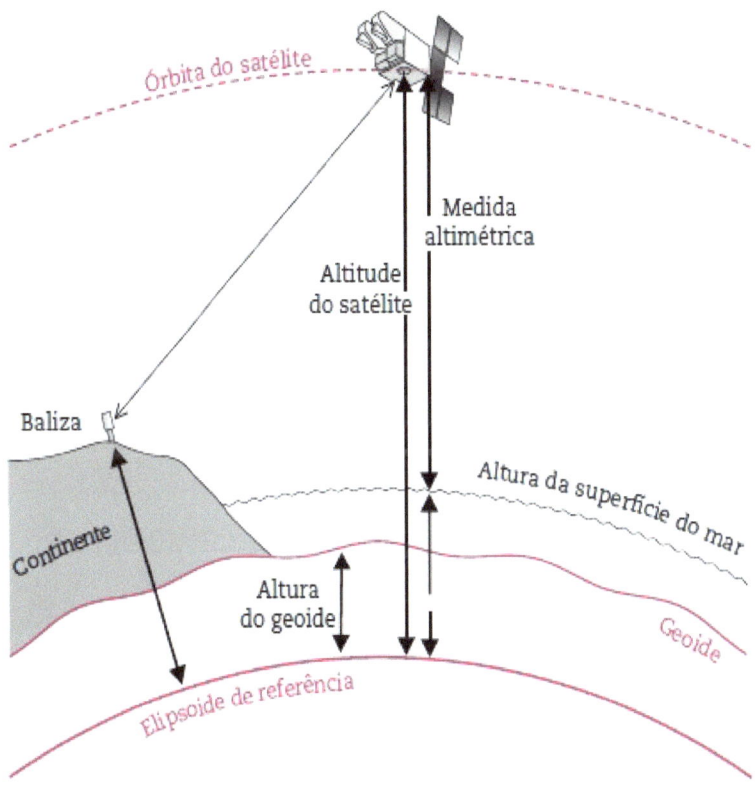

Geoid: Äquipotentialfläche des Erdschwerefelds, die mit dem
durchschnittlichen Niveau der Ozeane übereinstimmt. Das
Geoid wird als genaueste Referenz für Höhenmessungen
verwendet.

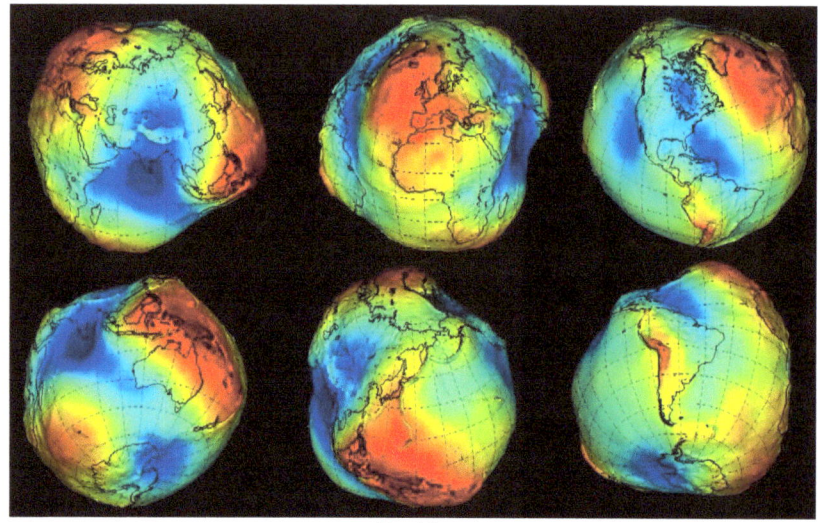

Geoide

Geodätisches Datum: Ein Referenzsystem, das ein Referenzellipsoid und einen Ursprungspunkt umfasst und zur Definition geografischer Koordinaten verwendet wird. In verschiedenen Regionen der Welt werden unterschiedliche geodätische Daten verwendet.

Geografische Koordinaten: Ein Koordinatensystem, das Breiten- und Längengrad verwendet, um die Position eines Punkts auf der Erdoberfläche zu definieren.

Triangulation: Eine Methode der geodätischen Messung, bei der ein Netzwerk verbundener Dreiecke erstellt wird. Entfernungen und Winkel zwischen bekannten Punkten werden gemessen, um die Positionen anderer Punkte zu bestimmen.

Nivellierung: Vorgang zum Messen von Höhenunterschieden zwischen Punkten auf der Erdoberfläche, wichtig für die Höhenbestimmung und die Erstellung topografischer Karten.

Unterschied zwischen Geodäsie und anderen geographischen Wissenschaften

Geodäsie wird oft mit anderen geographischen Disziplinen wie Kartografie und Vermessung verwechselt. Obwohl alle diese Wissenschaften miteinander verbunden sind, hat jede ihren spezifischen Schwerpunkt:

Kartografie: Die Kunst und Wissenschaft der Kartenerstellung. Die Kartografie verwendet geodätische Daten zur grafischen Darstellung der Erdoberfläche, ihr Hauptaugenmerk liegt jedoch auf der visuellen Präsentation und Kommunikation geografischer Informationen.

Vermessung: Die Praxis des Messens und Darstellens der physischen Merkmale der Erdoberfläche, wie Erhebungen, Vertiefungen und andere natürliche und vom Menschen geschaffene Merkmale. Vermessung ist eine praktische Anwendung der Geodäsie, die sich auf kleinere Flächen und spezifischere Details konzentriert.

Geoinformatik: Ein Bereich, der die Erfassung, Analyse und Interpretation geografischer Daten mithilfe von Technologien wie geografischen Informationssystemen (GIS) und Fernerkundung kombiniert. Die Geoinformatik verwendet geodätische Informationen für räumliche Analysen und Entscheidungsfindungen.

Die Bedeutung der Geodäsie

Diese Wissenschaft spielt in mehreren Bereichen des modernen Lebens eine entscheidende Rolle. Zu den wichtigsten Anwendungen gehören:

Navigation und Transport: Bietet die Grundlage für Navigationssysteme wie GPS, die für die Luftfahrt, die Seefahrt und den Landtransport von entscheidender Bedeutung sind.

Ingenieur- und Bauwesen: Genaue geodätische Messungen sind für Ingenieur- und Bauprojekte von entscheidender Bedeutung. Sie stellen sicher, dass Bauwerke wie Brücken, Gebäude und Straßen korrekt gebaut werden.

Umweltüberwachung: Geodäsie wird eingesetzt, um Veränderungen auf der Erdoberfläche zu überwachen, wie etwa die Bewegung tektonischer Platten, den Anstieg des Meeresspiegels und die Bodenabsenkung. Diese Informationen sind für die Bewältigung von Naturkatastrophen und den Umweltschutz von entscheidender Bedeutung.

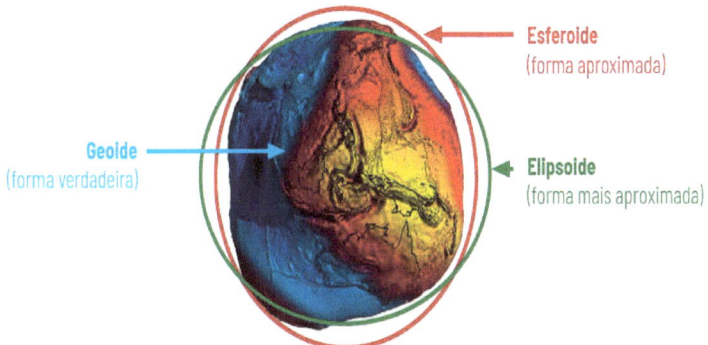

Wissenschaftliche Forschung: Die Disziplin liefert wichtige Daten für verschiedene wissenschaftliche Untersuchungen, darunter Studien zu Klima, Geodynamik und Weltraumforschung.

Die Geodäsie ist eine Grundlagenwissenschaft, die vielen modernen Technologien und Anwendungen zugrunde liegt, die wir in unserem täglichen Leben als unverzichtbar erachten. Mit einem grundlegenden Verständnis ihrer Konzepte und Terminologien können wir die Bedeutung dieser Disziplin und ihre nachhaltigen Auswirkungen auf unsere Gesellschaft besser einschätzen.

In den folgenden Kapiteln werden wir die reiche Geschichte der Geodäsie erkunden, von ihren Ursprüngen in der Antike bis zu den technologischen Fortschritten des 21. Jahrhunderts. Wir werden sehen, wie sich diese Wissenschaft im Laufe der Zeit entwickelt hat und wie sie weiterhin eine entscheidende Rolle für unser Verständnis und unsere Interaktion mit der Welt spielt.

KAPITEL 2: GESCHICHTE DER GEODÄSIE

Die Geschichte der Geodäsie ist eine faszinierende Reise, die sich über Jahrtausende erstreckt und die Entwicklung des menschlichen Wissens und der Technologie widerspiegelt. In diesem Kapitel werden wir untersuchen, wie verschiedene Zivilisationen und historische Epochen zur Entwicklung dieser Wissenschaft beigetragen haben, angefangen mit der Antike, über das Mittelalter bis hin zur wissenschaftlichen Revolution.

Die alten Ägypter waren Pioniere bei der Anwendung geometrischer Techniken zur Vermessung und Aufteilung der Erde. Sie entwickelten präzise Vermessungsmethoden, die für den Bau der Pyramiden und die Bewirtschaftung der Landwirtschaft entlang des Nils von grundlegender Bedeutung waren. Die Verwendung gespannter Seile und Pfähle zur Erstellung gerader Linien und Winkel ermöglichte es den Ägyptern, nach Überschwemmungen die Maße landwirtschaftlicher Flächen festzulegen. Nil-Jahrbücher.

Die alten Griechen machten bedeutende Fortschritte in der Geodäsie, indem sie mathematische und geometrische Konzepte entwickelten. Pythagoras und Euklid lieferten geometrische Grundlagen, die bei terrestrischen Messungen verwendet wurden. Eratosthenes von Kyrene beispielsweise führte im 3. Jahrhundert v. Chr. eine der ersten bekannten Messungen des Erdumfangs durch, indem er den Unterschied im Schattenwinkel zwischen Alexandria und Syena verwendete.

Die Römer erbten das geodätische Wissen der Griechen und erweiterten es, um ein riesiges Netzwerk aus Straßen und Aquädukten zu schaffen. Sie entwickelten Instrumente wie die Groma, mit der sie Straßen ausrichteten und Städte präzise bauten. Die effiziente Verwaltung des Römischen Reiches war von genauen Karten und der Fähigkeit abhängig, Entfernungen genau zu messen.

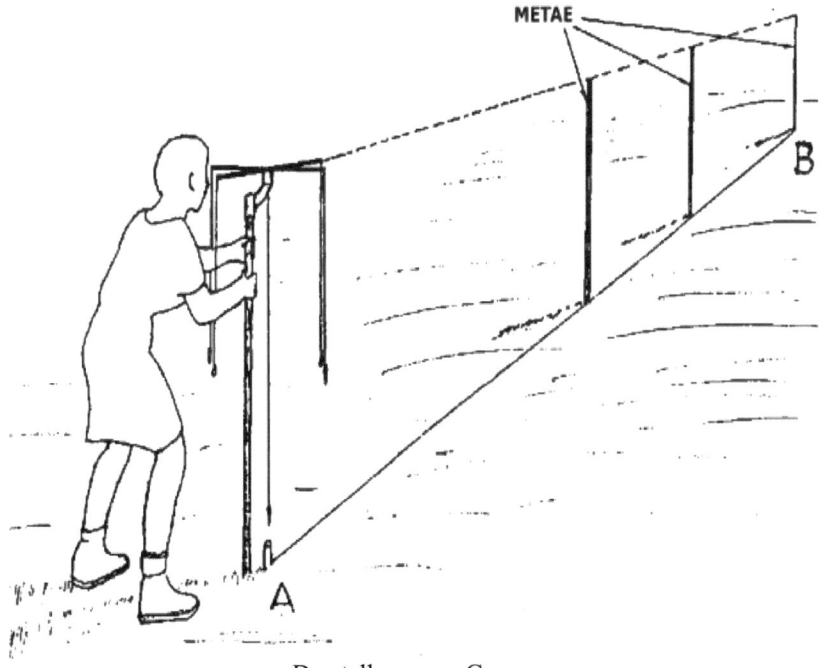

Darstellung von Groma

Darstellung von Groma

Arabische und mittelalterliche Beiträge

Während Westeuropa im Mittelalter eine Phase wissenschaftlicher Stagnation durchlebte, blühten in der islamischen Welt Wissen und Innovation auf. Arabische Geodäten wie Al-Biruni und Al-Idrisi machten wichtige Fortschritte bei der Vermessung der Erde und der Erstellung von Karten. Al-Biruni berechnete im 11. Jahrhundert den Radius der Erde genau und leistete einen bedeutenden Beitrag zur Kartografie.

Bedeutung der Astronomie

Die Astronomie spielte in der mittelalterlichen Geodäsie eine entscheidende Rolle. Die Notwendigkeit, den genauen Ort für das Gebet in Richtung Mekka zu bestimmen, ermutigte islamische Wissenschaftler, fortschrittliche astronomische Messtechniken zu entwickeln. Instrumente wie das Astrolabium und die Quadratur wurden perfektioniert und sowohl für die Navigation als auch für die Geodäsie verwendet.

Astrolabium

Die europäische Renaissance war eine Zeit der Wiederentdeckung und Erweiterung wissenschaftlicher Erkenntnisse. Persönlichkeiten wie Galileo Galilei, Johannes Kepler und Isaac Newton revolutionierten das Verständnis der natürlichen Welt und beeinflussten die Geodäsie direkt. Die heliozentrische Theorie von Kopernikus und Keplers Bewegungsgesetze bildeten eine neue Grundlage für geodätische Messungen.

Entwicklung neuer Instrumente

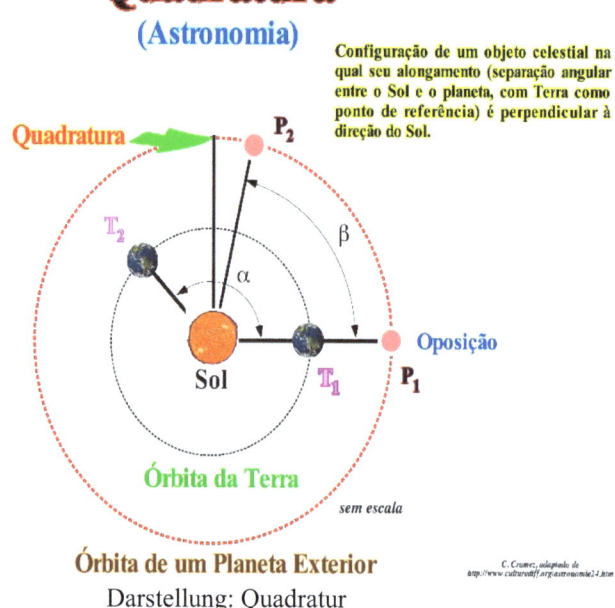

Quadratura
(Astronomia)

Configuração de um objeto celestial na qual seu alongamento (separação angular entre o Sol e o planeta, com Terra como ponto de referência) é perpendicular à direção do Sol.

Quadratura

P_2

T_2

β

α

Oposição

Sol T_1 P_1

Órbita da Terra

sem escala

Órbita de um Planeta Exterior

Darstellung: Quadratur

In der Zeit der wissenschaftlichen Revolution wurden entscheidende geodätische Instrumente entwickelt und verbessert. Das von Galileo erfundene Teleskop ermöglichte präzisere astronomische Messungen. Der Theodolit, ein wichtiges Instrument zur Messung horizontaler und vertikaler Winkel, wurde in dieser Zeit entwickelt und perfektioniert und ermöglichte die Erstellung präziserer Triangulationsnetze.

Geodätische Messungen im 19. Jahrhundert - Triangulation und Kontrollnetze

Das 19. Jahrhundert war eine Ära der Expansion und Präzision geodätischer Messungen. Die Triangulationstechnik, die

Bild: Theodolit aus Messing, Kompass, Monokel und Wasserwaage.

Es handelt sich dabei um die Erstellung eines Netzwerks verbundener Dreiecke und ist zum Standard für große geodätische Vermessungen geworden. In vielen Ländern wurden Kontrollnetze eingerichtet, die hochpräzise Messungen über große Flächen ermöglichen.

Namhafte Geodäten wie Carl Friedrich Gauß und Pierre-Simon Laplace leisteten im 19. Jahrhundert wichtige Beiträge. Gauß, einer der größten Mathematiker der Geschichte, nutzte sein Wissen, um präzisere Methoden zur Berechnung von Triangulationsnetzen zu entwickeln. Laplace leistete einen Beitrag zur Theorie des Gravitationspotentials, die für das Verständnis des Geoids von grundlegender Bedeutung ist.

Das Weltraumzeitalter und die Geodäsie: Geodätische Satelliten und die Vermessung der Erde

Der Beginn des Weltraumzeitalters bedeutete eine Revolution für diese Wissenschaft. Geodätische Satelliten wie die der Lageos-Serie haben es ermöglicht, die Form und das Gravitationsfeld der Erde äußerst präzise zu messen. Diese Satelliten haben dazu beigetragen, das Bezugssystem der Erde mit beispielloser Präzision zu definieren.

Über Lageos

Am 4. Mai 1976 startete die NASA einen kanonenkugelförmigen Satelliten, der die Erforschung der Form, Rotation und des Gravitationsfelds der Erde revolutionierte.

LAGEOS (Laser Geodynamic Satellite) war der erste Satellit der NASA, der sich der Präzisionsmesstechnik Laser Ranging widmete. Mithilfe dieser Technologie konnten Wissenschaftler die Bewegung der tektonischen Platten der Erde messen, Unregelmäßigkeiten in der Rotation des Planeten feststellen, seine Masse bestimmen und kleine Veränderungen seines Schwerpunkts verfolgen.

Kleine Abweichungen in der Umlaufbahn des Satelliten halfen bei der Entwicklung der ersten Modelle des Gravitationsfelds der Erde. Andere Störungen in der Umlaufbahn erklärten, wie die Erwärmung kleiner Objekte durch Sonnenlicht deren Flugbahn beeinflussen kann, darunter auch erdnahe Asteroiden.
Der 400 Kilogramm schwere Satellit ist auf Langlebigkeit ausgelegt und ist passiv, er besitzt weder Sensoren noch Bordelektronik oder bewegliche Teile. Sein Messingkern ist von

einem Aluminiumgehäuse umgeben, das mit 426 Retroreflektoren ausgestattet ist, wodurch er wie ein riesiger Golfball aussieht.

"LAGEOS ist elegant einfach: eine Kugel, die mit reflektierenden Prismen bedeckt ist", sagte Stephen Merkowitz, NASA-Projektleiter für Weltraumgeodäsie am Goddard Space Flight Center in Greenbelt, Maryland. "Aber es setzte einen neuen Standard für die Laserentfernungsmessung und sorgte für mehr als 40 Jahre Kontinuität bei diesen Messungen." Der Satellit wurde von der Vandenberg Air Force Base in Kalifornien gestartet und sein Entwurf, seine Entwicklung und sein Bau wurden vom Marshall Space Flight Center der NASA in Huntsville, Alabama, durchgeführt.

LAGEOS bewegt sich in einer stabilen Kreisbahn von Pol zu Pol, mehr als 5.900 Kilometer über der Erdoberfläche. In dieser Höhe (mittlere Erdumlaufbahn) spürt der Satellit nur sehr wenig atmosphärischen Widerstand und kann gleichzeitig von Bodenstationen auf verschiedenen Kontinenten aus beobachtet werden.

Im Laufe der Jahre haben sich weltweit 183 Stationen mit LAGEOS verbunden, und viele sind es immer noch. Ein Laserimpuls wird von einer Bodenstation ausgesendet, prallt von einem der Retroreflektoren des Satelliten ab und kehrt zur Station zurück. Die Zeit, die der Impuls für diesen Hin- und Rückweg benötigt, wird genau gemessen und zur Berechnung der Entfernung zwischen Satellit und Station verwendet.

Diese Technik wird als Satelliten-Laserentfernungsmessung bezeichnet. Durch die Durchführung dieser Messungen über einen bestimmten Zeitraum können die absoluten Positionen der Stationen (relativ zum Erdmittelpunkt) bestimmt werden. Daraus lassen sich geringfügige Änderungen der Positionen der Stationen zueinander berechnen.

Eines der ursprünglichen Ziele von LAGEOS war es, genaue Messungen der Bewegungen der wichtigsten tektonischen Platten der Erdkruste zu ermöglichen. Zum Zeitpunkt des Satellitenstarts war die Theorie der Plattentektonik etabliert, gestützt durch Hinweise auf die Ausbreitung des Meeresbodens und magnetische Muster in der Kruste. Es gab jedoch immer noch Fragen darüber, wie stark sich die Platten in der heutigen Zeit bewegten und wie diese Informationen zum Verständnis von Erdbeben beitragen könnten. „Was fehlte, war eine Möglichkeit, die Geschwindigkeit und Richtung der Plattenbewegung im Laufe der Zeit zu messen", sagte Frank Lemoine, ein Geophysiker bei Goddard.

Die Laserentfernungsmessung per Satellit begann vor LAGEOS, doch die frühen Messungen waren auf etwa einen Meter genau. LAGEOS ermöglichte es, Genauigkeiten von weniger als einem Zentimeter zu erreichen, das Niveau, das zur Erkennung der Bewegung tektonischer Platten erforderlich ist. Moderne Messungen sind um einen weiteren Faktor 10 besser.
„Damals konnten die Leute nicht glauben, dass wir die Entfernung zu einem Satelliten, der in dieser Höhe umkreist, so genau messen könnten", sagte Erricos Pavlis, ein Forscher an der University of Maryland, Baltimore County.

Diese präzisen Messungen ermöglichten es auch, kleine Unregelmäßigkeiten in der Erdrotation zu erkennen, die durch Massenbewegungen in der Atmosphäre und den Ozeanen sowie durch die Polbewegung, also die Migration der Rotationsachse des Planeten, verursacht wurden. Die LAGEOS-Messungen waren präzise genug, um kleine Störungen in der Umlaufbahn des Satelliten aufzudecken, die die Grundlage für die ersten Modelle der Erdanziehungskraft bildeten. Der Satellit wurde auch eingesetzt, um das Wiederauftauchen der Erdkruste in Regionen zu erkennen, die leicht abgeflacht waren, als alte Eisschichten die Hudson Bay, Finnland und Skandinavien bedeckten.

"Heute sehen wir die Erde als ein System, bei dem die Form des Planeten, die Rotation, die Atmosphäre, das Gravitationsfeld und die Bewegungen der Kontinente alle miteinander verbunden sind. Wir halten das jetzt für selbstverständlich, aber LAGEOS hat uns geholfen, diese Vision zu erreichen", behauptete er. David E. Smith, der LAGEOS-Projektwissenschaftler bei Goddard war und jetzt am Massachusetts Institute of Technology in Cambridge arbeitet. Ein nahezu identischer Schwestersatellit, LAGEOS-2, wurde 1992 im Rahmen einer Partnerschaft zwischen der italienischen Raumfahrtagentur und der NASA gestartet. Dieser Satellit bewegt sich in einer ergänzenden Umlaufbahn und zusammen haben sie ein breiteres Spektrum an Studien ermöglicht. Daten von diesem Paar wurden verwendet.eine Vorhersage bestätigenErdas von Einsteins allgemeiner Relativitätstheorie: Frame Dragging. IstIstetwas aufgeregtHierer gibtOhUmlaufbahn eines Objekts um einen rotierenden ZentralkörperOhmassiver Fluss, genannt Gravitomagn-EffektIstoptisch oder Linsen-Thirring.

LAGEOS enthüllte auch andere subtile Effekte. Einer davon war der saisonale Jarkowski-Effekt, eine kleine Bremskraft, die auftritt, wenn Sonnenlicht eine Seite des Raumfahrzeugs erwärmt und das Raumfahrzeug diese Wärme anschließend abgibt. Dieser Widerstand ist eine Variante des ursprünglichen Jarkowski-Effekts, der durch die Rotation des Satelliten um seine Achse entsteht. Die saisonale Version tritt während seiner gesamten Umlaufbahn um die Erde auf.

Der saisonale Jarkowski-Effekt sowie andere winzige Kräfte verringern die Umlaufbahn von LAGEOS täglich um den Bruchteil eines Millimeters.

„Diese und ähnliche Effekte sind in letzter Zeit von besonderem Interesse, da sie die Umlaufbahnen kleiner Objekte wie erdnahen Asteroiden umleiten können", sagte David Rubincam, ein an diesen Studien beteiligter Wissenschaftler des Goddard-Teleskops.

Die Raumsonde OSIRIS-REx der NASA wird im Rahmen ihrer Mission zur Erforschung des Asteroiden Bennu den Jarkowski-Effekt untersuchen und eine Probe zur Analyse zur Erde bringen.

Heute ist LAGEOS Teil einer Satellitenkonstellation, die dabei hilft, das Bezugssystem der Erde zu etablieren und aufrechtzuerhalten, Navigationssysteme auf der ganzen Welt zu verbinden und als grundlegende Referenz für die Navigation interplanetarer Raumfahrzeuge zu dienen. Die beiden LAGEOS-Satelliten haben die einzigartige Funktion, den Ursprung oder Mittelpunkt des terrestrischen Bezugssystems zu definieren; dieser basiert auf dem Erdmittelpunkt.

LAGEOS, das auch zu seinem 48. Geburtstag noch voll im Einsatz ist, wird voraussichtlich Millionen von Jahren die Erde umkreisen. In diesem Sinne trägt der Orbiter eine von Carl Sagan entworfene Plakette. Der Großteil der Plakette besteht aus drei Tafeln, die jeweils eine Karte der Erde zu einem anderen Zeitpunkt zeigen. Die obere Tafel stellt die Erde vor 268 Millionen Jahren dar, als die Kontinente zu einer einzigen Landmasse zusammengefügt wurden. Die mittlere Tafel zeigt die heutige Konfiguration der Kontinente. Die letzte Tafel projiziert die Konfiguration 8,4 Millionen Jahre in die Zukunft, als der Satellit ursprünglich auf die Erde fallen sollte.

"Diese Botschaft für die Zukunft zeugt von viel Optimismus", sagte Merkowitz. "Sie steht für die Vision, die zum Start eines Satelliten geführt hat, der für Äonen in Betrieb sein soll."

Globale Positionierungssysteme (GPS)

Die Entwicklung des Global Positioning System (GPS) Ende des 20. Jahrhunderts markierte einen Meilenstein in der Geschichte der Geodäsie. GPS ermöglicht es, die Position eines Punktes auf der Erdoberfläche in Echtzeit zentimetergenau zu bestimmen. Dieses System veränderte nicht nur die Navigation, sondern auch zahlreiche geodätische und wissenschaftliche Anwendungen.

Globale Navigationssatellitensysteme (GNSS)

Globale Satellitennavigationssysteme (GNSS) sind eine grundlegende Technologie, die eine genaue Standortbestimmung überall auf der Welt ermöglicht. GNSS umfasst mehrere aktive und sich entwickelnde Systeme, die jeweils verschiedenen Ländern oder Koalitionen gehören. Hier werde ich einen umfassenden Überblick über die wichtigsten

GNSS-Systeme geben, darunter das Global Positioning System (GPS) der USA, BeiDou aus China, GLONASS aus Russland, Galileo aus der Europäischen Union und andere neu entstehende Systeme.

GPS wurde vom US-Verteidigungsministerium entwickelt und ist das am weitesten verbreitete GNSS-System der Welt. Es besteht aus einer Konstellation von mindestens 24 einsatzfähigen Satelliten, die die Erde in einer Höhe von etwa 20.200 Kilometern umkreisen. GPS bietet Ortungs-, Navigations- und Zeitbestimmungsdienste (PNT) und wird in einer Vielzahl von Anwendungen eingesetzt, von der Fahrzeugnavigation bis hin zu militärischen und wissenschaftlichen Operationen.

GPS-Signale werden auf mehreren Frequenzen übertragen, wodurch atmosphärische Fehler korrigiert und die Genauigkeit verbessert werden können. Die globale Verfügbarkeit und hohe Genauigkeit von GPS haben es zu einem wesentlichen Bestandteil der globalen technologischen Infrastruktur gemacht.

BeiDou (BDS)

Das BeiDou-Navigationssatellitensystem (BDS) ist das von China entwickelte GNSS-System. Die Entwicklung von BeiDou begann in den 1990er Jahren. Die erste Phase, bekannt als BeiDou-1, bot eine begrenzte regionale Abdeckung. Die zweite Phase, BeiDou-2, erweiterte die Abdeckung auf den asiatisch-pazifischen Raum, und die dritte Phase, BeiDou-3, die 2020 abgeschlossen wurde, bietet eine globale Abdeckung.

BeiDou verwendet eine Kombination aus Satelliten in mittlerer Erdumlaufbahn (MEO), geneigter geosynchroner Umlaufbahn (IGSO) und geostationärer Umlaufbahn (GEO). Diese einzigartige Vereinbarung ermöglicht es BeiDou, robustere und zuverlässigere Ortungsdienste anzubieten, insbesondere im asiatisch-pazifischen Raum. Darüber hinaus bietet BeiDou Kurznachrichtendienste, eine Funktion, die in anderen GNSS-Systemen nicht verfügbar ist.

GLONASS (Globales Navigationssatellitensystem)

GLONASS wurde von Russland entwickelt und ist nach GPS das zweite einsatzfähige GNSS-System weltweit. Die Entwicklung von GLONASS begann in der Sowjetzeit, als die Satellitenkonstellation 1995 fertiggestellt wurde. Nach einer Phase des Niedergangs wurde GLONASS wiederbelebt und besteht derzeit aus einer Konstellation von 24 einsatzfähigen Satelliten.

GLONASS arbeitet auf leicht anderen Frequenzen als GPS. Die Kombination von Daten aus beiden Systemen kann die Positionsgenauigkeit verbessern. Das System wird in Russland und verbündeten Ländern häufig verwendet und kommt in vielen Bereichen zum Einsatz, von der Fahrzeugnavigation bis zum Management natürlicher Ressourcen.

Galileo

Galileo ist das von der Europäischen Union entwickelte GNSS-System. Galileo wurde 2016 offiziell eingeführt und soll eine zivile Alternative zu GPS und GLONASS bieten, wobei der Schwerpunkt auf hoher Genauigkeit und Zuverlässigkeit liegt.

Das System besteht aus einer Konstellation von 30 Satelliten (24 in Betrieb und 6 in Reserve) in mittleren Erdumlaufbahnen.

Galileo bietet mehrere Dienste, darunter Open Service (OS) für die öffentliche Nutzung, Commercial Service (CS) für hochpräzise Anwendungen und Public Regulated Service (PRS) für staatliche und Notfallanwendungen. Die Interoperabilität mit anderen GNSS-Systemen ist ein wesentliches Merkmal von Galileo und ermöglicht eine verbesserte Leistung in Verbindung mit GPS, GLONASS oder BeiDou.

Andere GNSS-Systeme

Neben den vier großen globalen GNSS-Systemen sind weitere regionale Systeme in Entwicklung oder Betrieb:

1. QZSS (Quasi-Zenith Satellite System): Das in Japan entwickelte QZSS ist ein regionales Erweiterungssystem, das GPS ergänzt und eine bessere Abdeckung und Genauigkeit in Japan und der Region Asien-Ozeanien bietet. QZSS verwendet Satelliten in zenitnahen Umlaufbahnen, die sich über lange Zeiträume über dem asiatisch-pazifischen Raum befinden.

2. IRNSS (Indian Regional Navigation Satellite System) / NavIC (Indian Constellation Navigation): IRNSS wurde von Indien entwickelt und ist ein regionales System, das präzise Ortungsdienste in Indien und der umliegenden Region bereitstellt. Die Konstellation besteht aus Satelliten in geosynchronen und geostationären Umlaufbahnen.

3. SBAS (Satellite Based Augmentation Systems): Satellitengestützte Erweiterungssysteme wie WAAS (Wide Area

Augmentation System) in den USA, EGNOS (European Geostationary Overlay Navigation Service) in Europa und andere verbessern die Genauigkeit und Integrität von GNSS-Signalen, insbesondere für die zivile Luftfahrt.

GNSS-Systeme sind der Eckpfeiler moderner Technologie und ermöglichen eine breite Palette von Anwendungen in den Bereichen Navigation, Wissenschaft, Transport, Landwirtschaft und vielen anderen Bereichen. Jedes GNSS-System verfügt über einzigartige Eigenschaften und spezifische Vorteile, und die Interoperabilität zwischen ihnen bietet ein beispielloses Maß an Genauigkeit und Zuverlässigkeit. Mit dem technologischen Fortschritt wird sich GNSS weiterentwickeln und noch genauere und umfassendere Dienste für eine zunehmend vernetzte Welt bieten.

Die Geschichte der Geodäsie ist ein Beweis für den menschlichen Einfallsreichtum und das endlose Streben nach Präzision und Verständnis. Von den ersten rudimentären Messungen in der Antike bis zu den technologischen Fortschritten des Weltraumzeitalters hat sich die Geodäsie kontinuierlich weiterentwickelt und sich an neue Technologien und Herausforderungen angepasst.

In den folgenden Kapiteln werden wir untersuchen, wie sich moderne geodätische Techniken und Instrumente weiterentwickeln und unser Verständnis der Welt prägen. Wir werden uns ansehen, wie die moderne Geodäsie zur Bewältigung globaler Herausforderungen eingesetzt wird, von der Umweltüberwachung bis zur Weltraumforschung, und wie sie auch in Zukunft eine entscheidende Rolle spielen wird.

KAPITEL 3: DIE WISSENSCHAFTLICHE REVOLUTION UND DIE GEODÄSIE

Die wissenschaftliche Revolution zwischen dem 16. und 18. Jahrhundert veränderte grundlegend das Verständnis der Menschheit von der Welt. Diese Ära der Entdeckungen und des intellektuellen Fortschritts hatte tiefgreifende Auswirkungen auf die Geodäsie und brachte neue Erkenntnisse, Methoden und Instrumente hervor, die die Wissenschaft der Erdvermessung neu definierten.

Galileo Galilei (1564-1642), der oft als Vater der modernen Wissenschaft angesehen wird, machte wichtige Fortschritte, die die Geodäsie beeinflussten. Sein verbessertes Teleskop ermöglichte präzise astronomische Beobachtungen, die für die Entwicklung strengerer Messmethoden von entscheidender Bedeutung waren. Galileo führte auch das Konzept der Trägheit ein, das für die Mechanik und die Gravitationsphysik von wesentlicher Bedeutung sein sollte.

Darstellung von Galileo Galilei

Johannes Kepler (1571-1630) formulierte die Gesetze der Planetenbewegung, die die elliptischen Umlaufbahnen der Planeten um die Sonne beschreiben. Diese Gesetze stellten nicht nur die geozentrische Sicht des Universums in Frage, sondern lieferten auch eine mathematische Grundlage zum Verständnis der Himmelsbewegung, die für Geodäsie und Astronomie von entscheidender Bedeutung ist.

Johannes Kepler

Isaac Newton (1643-1727) revolutionierte die Wissenschaft mit seinem Werk „Philosophiæ Naturalis Principia Mathematica" (1687), in dem er die Gesetze der Mechanik und das Gesetz der universellen Gravitation formulierte. Newton schlug vor, dass die Schwerkraft auf alle Körper mit Masse wirkt, und beschrieb die Form der Erde aufgrund ihrer Rotation als abgeplattetes Ellipsoid. Dieses Verständnis war grundlegend für die Geodäsie, da es die Variation der Schwerkraft auf der Erdoberfläche erklärte.

PHILOSOPHIÆ

NATURALIS

PRINCIPIA

MATHEMATICA.

Autore *IS. NEWTON*, *Trin. Coll. Cantab. Soc.* Matheseos
Professore *Lucasiano*, & Societatis Regalis Sodali.

IMPRIMATUR·
S. · P E P Y S, *Reg. Soc.* P R Æ S E S.
Julii 5. 1686.

LONDINI,

Jussu *Societatis Regiæ* ac Typis *Josephi Streater*. Prostat apud
plures Bibliopolas. *Anno* MDCLXXXVII.

Newtons Buch: Philosophiæ Naturalis Principia Mathematica

Das von Galileo verbesserte Teleskop war für genaue astronomische Beobachtungen unverzichtbar. Mit diesem Instrument konnte die Position von Sternen und Planeten mit hoher Präzision gemessen werden, wodurch die Breiten- und Längengrade von Punkten auf der Erde bestimmt werden konnten. Astronomische Beobachtungen waren für die Festlegung geografischer Bezugspunkte von entscheidender Bedeutung.

Der Theodolit, der im 16. Jahrhundert erfunden und in den folgenden Jahrhunderten verbessert wurde, wurde zu einem unverzichtbaren Instrument der Geodäsie. Der Theodolit wurde zum Messen horizontaler und vertikaler Winkel verwendet und ermöglichte die Erstellung präziser Triangulationsnetze. Mit diesem Instrument konnten große Entfernungen leicht gemessen und detaillierte Karten erstellt werden.

Quadrant und Sextant waren grundlegende Instrumente für Navigation und Geodäsie. Der Quadrant, mit dem die Höhe der Sterne über dem Horizont gemessen wurde, und der Sextant, mit dem die Breite durch Beobachtung der Höhe der Sonne oder der Sterne bestimmt wurde, ermöglichten eine präzise Navigation und die Bestimmung geografischer Positionen.

Die Technik der Triangulation, bei der ein Netzwerk verbundener Dreiecke erstellt wird, wurde im 18. Jahrhundert entwickelt und perfektioniert. Diese Technik ermöglichte die hochpräzise Messung von Entfernungen und Winkeln und erleichterte so die Erstellung detaillierter Karten und die Vermessung der Erdoberfläche. In vielen Ländern wurden Kontrollnetze aus miteinander verbundenen Referenzpunkten eingerichtet, die eine solide Grundlage für geodätische Messungen bildeten.

Eine der bemerkenswertesten geodätischen Expeditionen des 18. Jahrhunderts wurde von Pierre Bouguer und Charles Marie de La Condamine durchgeführt. 1735 führten sie eine Expedition nach Ecuador, um einen Meridianbogen zu messen und die Form der Erde zu bestimmen. Diese Expedition bestätigte, dass die Erde ein abgeplattetes Ellipsoid ist, das an den Polen abgeflacht und am Äquator am breitesten ist.

Carl Friedrich Gauß (1777-1855), einer der größten Mathematiker aller Zeiten, leistete wichtige Beiträge zur Geodäsie. Er entwickelte mathematische Methoden zur Anpassung von Triangulationsnetzen, mit denen Messfehler korrigiert und präzisere Ergebnisse erzielt werden konnten. Gauß führte in die Geodäsie auch das Konzept der Krümmung ein, das für das Verständnis der Form der Erde von grundlegender Bedeutung sein sollte.

Pierre-Simon Laplace (1749-1827) leistete einen Beitrag zur Theorie des Gravitationspotentials, die für die Geodäsie von wesentlicher Bedeutung ist. Sein Werk „Mécanique Céleste" (1799-1825) lieferte eine mathematische Grundlage für die Analyse des Gravitationsfelds der Erde und der Bewegungen von Himmelskörpern. Laplace entwickelte auch Methoden zur Berechnung von Satellitenbahnen, die für die moderne Geodäsie von Bedeutung sind.

Im 18. und frühen 19. Jahrhundert kam es zu einer Revolution bei geodätischen Instrumenten. Neben dem Theodolit wurden neue Instrumente entwickelt, wie beispielsweise die

Präzisionswaage zur Höhenmessung und das Schiffschronometer, mit dem sich der Längengrad präzise bestimmen ließ. Diese Instrumente verbesserten die Genauigkeit geodätischer Messungen erheblich und ermöglichten die Erstellung detaillierterer und genauerer Karten.

Die wissenschaftliche Revolution brachte auch Fortschritte in der Kartografie. Dank Triangulationstechniken und neuen Messinstrumenten wurden Karten präziser und detaillierter. Die Erstellung topografischer Karten, die Höhen und Geländemerkmale darstellen, ist zur gängigen Praxis geworden und erleichtert die Navigation, das Ingenieurwesen und die Gebietsverwaltung.

Die wissenschaftliche Revolution markierte eine Zeit grundlegender Veränderungen in der Geodäsie. Die Entwicklung neuer Erkenntnisse, Methoden und Instrumente ermöglichte präzisere Messungen und ein tieferes Verständnis der Form und der Dimensionen der Erde. Diese Innovationen brachten nicht nur die Wissenschaft der Geodäsie voran, sondern hatten auch nachhaltige Auswirkungen auf viele andere Bereiche des menschlichen Wissens.

KAPITEL 4: DIE MODERNE ÄRA DER GEODÄSIE

Mit dem Beginn des 19. Jahrhunderts und der kontinuierlichen technologischen und wissenschaftlichen Entwicklung trat die Geodäsie in eine neue Ära der Präzision und Innovation ein. Die während der wissenschaftlichen Revolution entwickelten Techniken und Instrumente wurden verbessert und es entstanden neue Methoden, die die Art und Weise, wie wir die Erde messen und verstehen, grundlegend veränderten.

Im 19. Jahrhundert wurde die Triangulationstechnik in mehreren Ländern häufig eingesetzt, um geodätische Kontrollnetze zu erstellen. Diese Netze bestanden aus Punkten, die durch Dreiecke miteinander verbunden waren, in denen Entfernungen und Winkel mit großer Präzision gemessen wurden. Eines der bemerkenswertesten war das Große Trigonometrische Raster Indiens, ein monumentales Projekt, das sich über mehrere Jahrzehnte erstreckte und eine präzise Grundlage für die Kartografie und Topografie des indischen Subkontinents schuf.

Ein weiterer bedeutender Fortschritt war die Entwicklung der Präzisionsnivellierung, einer Technik zur Messung von Höhenunterschieden zwischen Punkten. Bei dieser Methode wurden optische Wasserwaagen und Messlineale verwendet, die eine genaue Höhenbestimmung ermöglichten. Diese Technik war für den Bau von Infrastruktur wie Eisenbahnen, Kanälen und Straßen sowie für die Erstellung detaillierter topografischer Karten unverzichtbar.

In der Neuzeit wurden modernere geodätische Instrumente eingeführt.

Zu Beginn des 20. Jahrhunderts erweiterte die Geodäsie ihren Schwerpunkt auf gravimetrische Messungen, bei denen es um die Bestimmung des Gravitationsfelds der Erde geht. Gravimeter oder Gravimeter wurden entwickelt, um Schwankungen der Gravitationskraft an verschiedenen Orten zu messen. Diese Messungen sind für das Verständnis der Form der Erde und die Korrektur geodätischer Daten unerlässlich, insbesondere in Gebirgsregionen und anderen Regionen mit erheblichen Höhenunterschieden.

Neben GPS wurden auch andere geodätische Satelliten gestartet, um die Form und das Gravitationsfeld der Erde zu überwachen. Missionen wie Lageos, GRACE (Gravity Recovery and Climate Experiment) und GOCE (Gravity Field and Steady-State Ocean Circulation Explorer) haben detaillierte Daten über Gravitationsschwankungen und Veränderungen der Landmasse und der Ozeane geliefert und so zur Klimaforschung und Geodynamik beigetragen.

Genaue geodätische Messungen sind für Ingenieur- und Bauprojekte unerlässlich. Vor dem Bau großer Infrastrukturen wie Brücken, Tunneln und Wolkenkratzern müssen detaillierte geodätische Studien durchgeführt werden, um sicherzustellen, dass die Strukturen korrekt und gemäß den Spezifikationen gebaut werden. Geodäsie wird auch verwendet, um Verformungen in Strukturen zu überwachen und so potenzielle Probleme zu erkennen und die Sicherheit zu gewährleisten.

Die moderne Geodäsie ist für die Umweltüberwachung und das Management natürlicher Ressourcen unverzichtbar. Präzise Messungen der Geländehöhe, des Meeresspiegels und der Gravitationsschwankungen ermöglichen die Überwachung von Klimaveränderungen, tektonischen Bewegungen und Erosionsvorgängen. Diese Informationen sind für die Bewältigung von Naturkatastrophen wie Erdbeben und Überschwemmungen sowie für den Schutz von Ökosystemen von entscheidender Bedeutung.

Diese Wissenschaft spielt nach wie vor eine zentrale Rolle in der wissenschaftlichen Forschung. Geodätische Daten werden in Studien der Geodynamik, Ozeanographie, Klimatologie und vielen anderen Disziplinen verwendet. Ein genaues Verständnis der Form und des Gravitationsfelds der Erde ermöglicht es uns, natürliche Prozesse auf globaler und regionaler Ebene zu untersuchen und so zur Weiterentwicklung der wissenschaftlichen Erkenntnisse beizutragen.

Eine der größten Herausforderungen der modernen Geodäsie ist die Integration von Daten aus unterschiedlichen Quellen und Technologien. Die Kombination von Boden-, Luft- und Weltraummessungen erfordert anspruchsvolle Datenverarbeitungs- und Analysemethoden, um die Genauigkeit und Konsistenz geodätischer Informationen sicherzustellen. Die Entwicklung von Datenmodellierungs- und Fusionstechniken ist zur Bewältigung dieser Herausforderung von entscheidender Bedeutung.

Mit der Weiterentwicklung der Kommunikationstechnologien und der steigenden Nachfrage nach Echtzeitinformationen passt sich die Geodäsie an, um ständig aktualisierte Daten bereitzustellen. Es werden kontinuierliche Überwachungssysteme wie Netzwerke permanenter GPS-Stationen entwickelt, um tektonische Bewegungen, Bodenverformungen und andere geodätische Veränderungen in Echtzeit zu verfolgen.

Die Disziplin weitet sich auch über die Erde hinaus aus, und die Weltraumforschung eröffnet dieser Wissenschaft neue Horizonte. Geodätische Messungen anderer Himmelskörper wie Mond und Mars werden durchgeführt, um Weltraummissionen und zukünftige Kolonisierungen zu unterstützen. Die Weltraumgeodäsie liefert ein detailliertes Verständnis der Topographie und Schwerkraft anderer Planeten und hilft so bei der Missionsplanung und Weltraumforschung.

Die moderne Ära der Geodäsie hat außergewöhnliche Fortschritte in Technologie und Wissen mit sich gebracht und die Art und Weise, wie wir die Erde messen und verstehen, grundlegend verändert. Von der Schaffung präziser Triangulationsnetze bis hin zur Entwicklung von GPS und geodätischen Satelliten spielt die moderne Geodäsie weiterhin in vielen Bereichen der Wissenschaft und Gesellschaft eine entscheidende Rolle.

KAPITEL 5: WELTRAUMGEODÄSIE

Mit dem Beginn des Weltraumzeitalters im 20. Jahrhundert weitete sich die Wissenschaft der Erdvermessung über die Grenzen der Erde hinaus aus. Der Einsatz von Satelliten und anderen Weltraumtechnologien hat die Genauigkeit globaler Beobachtungen revolutioniert und ein beispielloses Verständnis unseres Planeten ermöglicht. In diesem Kapitel wird die Entwicklung der Weltraumgeodäsie, ihre wichtigsten Technologien und Anwendungen sowie die transformativen Auswirkungen untersucht, die sie auf unser Verständnis der Erde und darüber hinaus hatte.

Der Start des Satelliten Sputnik durch die Sowjetunion im Jahr 1957 markierte den Beginn des Weltraumzeitalters. Einige Jahre später begann man mit der Entwicklung spezieller Satelliten für geodätische Messungen. Echo 1, ein 1960 gestarteter Satellitenballon, war einer der ersten, der für Triangulations- und Entfernungsmessungsexperimente eingesetzt wurde. Diese frühen Satelliten ermöglichten die Entwicklung innovativer Methoden zur Messung der Form und des Gravitationsfelds der Erde.

Der erste ausschließlich der Geodäsie gewidmete Satellit war ANNA 1B, der 1962 von den USA gestartet wurde. Dieser Satellit sollte die Form der Erde vermessen und bei der Bestimmung geografischer Koordinaten helfen. Andere Satelliten wie PAGEOS und GEOS, die in den 1960er und 1970er Jahren gestartet wurden, trugen wesentlich zur Schaffung eines globalen geodätischen Referenzsystems bei.

Bei der Laser-Entfernungsmessung werden von Bodenstationen Laserimpulse ausgesendet, die von Satelliten-Retroreflektoren reflektiert werden. Die Zeit, die der Impuls bis zur Rückkehr benötigt, wird gemessen, wodurch die Entfernung zwischen Station und Satellit genau bestimmt werden kann. Mit dieser Technik werden die Form der Erde, die Bewegungen tektonischer Platten und das Gravitationsfeld gemessen.

Die Very Long Baseline Interferometry (VLBI) ist eine weitere wichtige Technik in der Weltraumgeodäsie. Dabei werden Radiosignale von weit entfernten Quasaren genutzt und gleichzeitig an mehreren Radioteleskopstationen auf der ganzen Welt beobachtet. Durch die unterschiedlichen Ankunftszeiten der Signale können Entfernungen zwischen den Stationen mit hoher Genauigkeit bestimmt werden, was zur Schaffung eines stabilen terrestrischen Referenzsystems beiträgt.

Fernerkundungssatelliten wie die Landsat-Serie und die Satelliten der Europäischen Weltraumorganisation (ESA) liefern detaillierte Bilder der Erdoberfläche. Diese Satelliten nutzen verschiedene Spektralbänder, um Veränderungen in der Landnutzung, Entwaldung, Urbanisierung und anderen Umweltmerkmalen zu überwachen. Satellitenbilder sind für die Kartierung, Umweltüberwachung und Bewirtschaftung natürlicher Ressourcen von entscheidender Bedeutung.

Satelliten wie GRACE (Gravity Recovery and Climate Experiment) und GOCE (Gravity Field and Steady-State Ocean Circulation Explorer) wurden entwickelt, um das Gravitationsfeld der Erde mit hoher Präzision zu messen. Diese Messungen sind für das Verständnis der Massenverteilung auf dem Planeten von entscheidender Bedeutung und helfen bei der

Überwachung von Veränderungen des Polareises, der Grundwasserströme und der Meeresströmungen.

Die Weltraumgeodäsie ist von entscheidender Bedeutung für die Erforschung der Bewegungen tektonischer Platten. Die GPS-Technik wird häufig zur Überwachung der Kontinentalverschiebung, der Krustenverformung und der seismischen Aktivität eingesetzt. Diese Informationen sind von entscheidender Bedeutung für die Vorhersage von Erdbeben, die Eindämmung von Naturkatastrophen und das Verständnis der Dynamik der Lithosphäre der Erde.

Geodäsiesatelliten spielen eine wichtige Rolle bei der Überwachung des Klimawandels. Sie liefern Daten über den Anstieg des Meeresspiegels, Eis- und Schneebedeckung sowie Schwankungen der Bodenfeuchtigkeit. Diese Informationen sind für die Klimamodellierung, das Wasserressourcenmanagement und die Beurteilung der Auswirkungen des Klimawandels auf Ökosysteme und menschliche Gemeinschaften von entscheidender Bedeutung.

Die Weltraumgeodäsie hat die Navigation und den Transport revolutioniert. GPS und andere Satellitennavigationssysteme werden in der Luftfahrt, der Schifffahrt und im Landtransport eingesetzt, um eine genaue Standort- und Routenplanung zu gewährleisten. Navigations-Apps wie Google Maps und Waze verlassen sich auf GPS-Daten, um Wegbeschreibungen und Verkehrsinformationen in Echtzeit bereitzustellen.
Eine der größten Herausforderungen in der räumlichen Geodäsie ist die Integration großer Datenmengen aus unterschiedlichen Quellen und Technologien. Die Analyse und Kombination von Daten aus Satelliten, Bodenmessungen und Fernerkundung

erfordert fortschrittliche Methoden zur Datenverarbeitung und - speicherung. Der Einsatz von Big Data und Techniken der künstlichen Intelligenz wird zur Bewältigung dieser Herausforderung immer wichtiger.

Die Nachfrage nach geodätischen Daten in Echtzeit wächst rasant. Netzwerke permanenter GPS-Stationen, die die Bewegungen der Erdkruste kontinuierlich überwachen, werden ausgebaut. Darüber hinaus werden neue Satelliten und Technologien entwickelt, die ständig aktuelle Daten liefern und so die Reaktion auf Naturkatastrophen und das Ressourcenmanagement verbessern.

Die Weltraumgeodäsie weitet sich über die Erde hinaus aus, und es gibt Missionen, die sich der Erforschung anderer Himmelskörper widmen. Geodätische Messungen des Mars, des Mondes und anderer Planeten und Monde helfen dabei, zukünftige bemannte Missionen vorzubereiten und die geologischen und gravitativen Eigenschaften dieser Körper zu verstehen. Die Weltraumgeodäsie wird für die Kolonisierung anderer Planeten und die Erforschung des Weltraums von entscheidender Bedeutung sein.

Von den ersten Messsatelliten bis hin zu fortschrittlichen GPS- und Fernerkundungstechnologien hat die Weltraumgeodäsie erhebliche Fortschritte in Bezug auf Genauigkeit und Reichweite gebracht. Ihre Anwendungsgebiete sind vielfältig und reichen von der Umweltüberwachung bis zur Weltraumforschung.

KAPITEL 6: TOPOGRAPHIE UND IHRE BEZIEHUNG ZUR GEODÄSIE

Die Vermessung ist eine grundlegende Disziplin der Geowissenschaften, die sich mit der Messung und Kartierung der Erdoberfläche beschäftigt. Diese Wissenschaft hat eine lange Geschichte und hat sich mit dem Fortschritt der Technologie erheblich weiterentwickelt. In diesem Kapitel werden wir untersuchen, was Vermessung ist, welche Techniken und Instrumente sie verwendet und wie sie sich auf die Geodäsie bezieht, um eine Grundlage für die Präzision und Genauigkeit von Landmessungen zu schaffen.

Vermessung ist die Wissenschaft und Kunst, die dreidimensionale Position von Punkten auf der Erdoberfläche sowie die Entfernungen und Winkel zwischen ihnen zu bestimmen. Das Hauptziel besteht darin, Karten zu erstellen und Grundstücksgrenzen genau festzulegen, was für Tiefbau, Bauwesen, Landwirtschaft, Bewirtschaftung natürlicher Ressourcen und Stadtplanung von wesentlicher Bedeutung ist.

Seit der Antike hat die Topografie eine entscheidende Rolle in Zivilisationen gespielt. Die alten Ägypter nutzten rudimentäre Vermessungstechniken, um das Land entlang des Nils aufzuteilen, während die Römer ausgefeiltere Methoden entwickelten, um ihre Städte und Straßen zu bauen. Im Mittelalter entwickelte sich die Topografie weiter, mit bedeutenden Fortschritten während der Renaissance und der wissenschaftlichen Revolution.

Zu den klassischen Vermessungstechniken gehören das Messen von Entfernungen, Winkeln und Höhen. Zu den traditionellsten Methoden zählen Triangulation und Trilateration. Bei der Triangulation wird ein Netzwerk aus Dreiecken erstellt, indem die Winkel zwischen bekannten Punkten gemessen werden, während bei der Trilateration die Entfernungen zwischen Punkten mithilfe von Kabeln oder Ketten gemessen werden.

Traditionelle Instrumente

Zu den traditionellen Instrumenten bei der Vermessung zählen insbesondere:

Wie bereits erwähnt, handelt es sich beim Theodolit um ein optisches Instrument zur hochpräzisen Messung horizontaler und vertikaler Winkel.

Präzisionsnivellier: Wird zum Bestimmen von Höhen und Erstellen von Geländeprofilen verwendet.

Vermessungskette: Ein Entfernungsmessgerät, das normalerweise aus Stahl besteht und zum Vermessen von ebenem Gelände verwendet wird.

Mit dem Fortschritt der Technologie wurden in die Topographie neue Methoden und Instrumente integriert, wie zum Beispiel:

Totalstation: Elektronisches Gerät, das einen Theodoliten mit einem elektronischen Entfernungsmesser (EDM) kombiniert und so integrierte und präzise Winkel- und Entfernungsmessungen ermöglicht.

GPS (Global Positioning System): Wird zur Bestimmung präziser geografischer Koordinaten überall auf der Erde verwendet und ist für die moderne Vermessung unverzichtbar.

Terrestrisches Laserscanning: Eine Methode, bei der mithilfe von Lasern eine dreidimensionale Punktwolke erfasst wird, wodurch hochauflösende digitale Modelle des Geländes erstellt werden.

Vermessung und Geodäsie sind miteinander verbundene Disziplinen, die viele Ziele und Techniken gemeinsam haben. Während sich die Vermessung auf detaillierte, präzise Messungen relativ kleiner Flächen konzentriert, umfasst die Geodäsie die Messung und Modellierung der Erde im globalen Maßstab. Gemeinsam gewährleisten diese Disziplinen die Präzision und Konsistenz von Erdmessungen in verschiedenen Maßstäben.

Geodätische Referenzen sind Koordinatensysteme, die zur Definition von Positionen auf der Erdoberfläche verwendet werden. Die Geodäsie legt diese globalen Referenzsysteme fest, wie z. B. WGS84 (World Geodetic System 1984), die für die Topographie von grundlegender Bedeutung sind. Ohne diese Referenzen wäre es unmöglich, lokale topographische Messungen in einen globalen Kontext zu integrieren.

Topografische Messungen erfordern häufig Korrekturen und Anpassungen auf der Grundlage geodätischer Modelle. Beispielsweise können die Erdkrümmung und Gravitationsschwankungen Fernmessungen beeinflussen. Diese Effekte werden mithilfe geodätischer Daten modelliert und korrigiert. Darüber hinaus liefert die Geodäsie Informationen über tektonische Bewegungen und Verformungen der Erdkruste, die für die Aufrechterhaltung der Genauigkeit topografischer Messungen im Laufe der Zeit von entscheidender Bedeutung sind.

Vermessungsarbeiten sind für den Tiefbau und das Bauwesen unverzichtbar. Vor Beginn eines Bauprojekts müssen topografische Vermessungen durchgeführt werden, um sicherzustellen, dass die Arbeiten den Vorgaben entsprechend ausgeführt werden. Dazu gehört die genaue Vermessung des Grundstücks, das Markieren der Grundstücksgrenzen und das Erstellen detaillierter Karten als Orientierung für Ingenieure und Bauherren.

In der Stadtplanung spielt die Topografie eine entscheidende Rolle bei der Definition von Gebieten, der Erstellung von Katasterkarten und der Verwaltung der Infrastruktur. Detaillierte Studien werden zur Planung neuer Straßen sowie Wohn-, Gewerbe- und Industriegebiete verwendet und sorgen so für eine effiziente und nachhaltige Stadtentwicklung.

In der modernen Landwirtschaft werden Vermessungsarbeiten zur Umsetzung von Präzisionslandwirtschaftstechniken eingesetzt. Dazu gehört die Erstellung detaillierter Karten landwirtschaftlicher Felder, die Messung von Höhenlagen zur Verbesserung der Bewässerung und die Festlegung von Grundstücksgrenzen. Diese Praktiken tragen zur Steigerung der landwirtschaftlichen Produktivität und der ökologischen Nachhaltigkeit bei.

Die Bewirtschaftung natürlicher Ressourcen wie Wälder, Wasser und Mineralien hängt von präzisen Studien ab. Mithilfe der Topographie werden Erkundungsgebiete kartiert, Umweltveränderungen überwacht und eine nachhaltige Nutzung der Ressourcen sichergestellt. Dies ist für die Erhaltung der Ökosysteme und den Schutz der Umwelt von entscheidender Bedeutung.

Die Vermessung ist eine grundlegende Disziplin, die zusammen mit der Geodäsie die Grundlage für die genaue Messung und das Verständnis der Erdoberfläche bildet. Obwohl sie sich auf kleinere, detailliertere Bereiche konzentriert, ist die Vermessung in hohem Maße auf die von der Geodäsie bereitgestellten Referenzen und Korrekturen angewiesen, um die Genauigkeit ihrer Messungen sicherzustellen. Die beiden Disziplinen ergänzen sich, verwenden gemeinsame Technologien und wenden ihr Wissen in einer Vielzahl von Bereichen an, vom Bauingenieurwesen bis zum Management natürlicher Ressourcen.

KAPITEL 7: TOPOGRAPHIE

Etymologisch hat das Wort „Topographie" seinen Ursprung im Griechischen, wo „topos" Ort oder Fläche des Landes bedeutet, während „graphie" sich auf das Zeichnen von Zeichen zum Schreiben oder Beschreiben bezieht. Vermessung ist eine angewandte Wissenschaft, die sich mit den Prinzipien und Methoden zur Bestimmung der Kontur, der Abmessungen und der Position eines begrenzten Teils der Erdoberfläche befasst, ohne Rücksicht auf die Erdkrümmung (wie beispielsweise des Meeresbodens oder des Inneren von Minen). Wie oben erwähnt, kann Vermessung als Spezialisierung der Geodäsie angesehen werden. Die Arbeit besteht hauptsächlich aus Winkel- und Linienmessungen (Entfernungen), die auf der physischen (topografischen) Oberfläche vorgenommen werden, aus denen geometrische Größen wie Ausrichtungen, Koordinaten, Flächen und Volumina berechnet werden. Schließlich werden diese Elemente durch technische topografische Zeichnungen grafisch dargestellt.

Wir können sagen, dass die Topographie darauf abzielt, Bilder der Erdoberfläche aufzunehmen, um die Formen und Abmessungen der darauf vorhandenen Objekte zu bestimmen. Vereinfacht ausgedrückt geht es darum, einen Ort präzise und detailliert zu beschreiben und seine Abmessungen, vorhandenen Elemente, Höhenunterschiede, geografischen Merkmale usw. zu bestimmen.

Die Topografie ist für jedes Projekt oder jede Arbeit, die von Ingenieuren oder Architekten durchgeführt wird, von wesentlicher Bedeutung. Beispiele hierfür sind

Straßenbauarbeiten, Wohnsiedlungen, Gebäude, Flughäfen, Hydrografie, Wasserkraftwerke, Telekommunikation, Wasser- und Abwassersysteme, Stadtplanung, Landschaftsgestaltung, Bewässerung, Entwässerung, Landwirtschaft, Wiederaufforstung usw. Alle diese Projekte hängen von dem Land ab, auf dem sie gebaut werden. Daher ist es entscheidend, dieses Gelände sowohl während der Entwurfs- als auch der Bau- oder Ausführungsphase genau zu kennen. Die Topografie bietet die für dieses Wissen erforderlichen Methoden und Instrumente und gewährleistet die korrekte Ausführung der Arbeit oder Dienstleistung.

In ihrem Tätigkeitsbereich verwendet die Topografie bei ihren Vermessungen mathematische Regeln und Prinzipien, die eine grafische Darstellung eines Teils der Erdoberfläche, projiziert auf eine horizontale Ebene, mit der für ihren Zweck erforderlichen Präzision und Detailliertheit ermöglichen. Diese Regeln und Prinzipien legen allgemeine Methoden topografischer Vermessungen fest, die Winkel- und Entfernungsmessungen in Beziehung setzen, mit dem Ziel, die beabsichtigte Darstellung mit der erforderlichen Genauigkeit zu definieren.

Unter den verschiedenen Vermessungsmethoden eignen sich rechtwinklige Koordinaten und Strahlung am besten zum Studium von Details, während Geh- und Schnittmethoden zum Studium des Ganzen geeignet sind. Unter allen bietet die Triangulationsmethode die höchste Präzision und wird aufgrund der Vorteile, die sie durch die genaue Festlegung der Positionen der verschiedenen Punkte (Eckpunkte der Dreiecke) innerhalb des darzustellenden Bereichs bietet, immer für die Vermessung des Sets empfohlen.

Die Topographie wirkt auf:

- ➢ topografische Vermessung der Grenzen städtischer und ländlicher Gebiete;

- ➢ Höhenstudie in interessanten Gebieten;

- ➢ Eigentumsregistrierung;

- ➢ Profile von Straßen und Kanälen oder Flüssen;

- ➢ Querschnitte;

- ➢ quantitative Volumina;

- ➢ Deponievolumen;

- ➢ Überwachung der Ausführung der Arbeiten

Die Bedeutung der Topografie wird durch die Tatsache unterstrichen, dass auf dem Gelände Ingenieur-, Agronomie- und Architekturarbeiten durchgeführt werden, die auf zuvor erstellten Studien und Projekten basieren, wie zum Beispiel:

Hoch- und Tiefbau: Häuser, Gebäude usw.

Städteplanung: Masterplan für die Entwicklung von Städten, Metropolregionen, Straßensystemen, Elektrifizierung, Wasserversorgung, Telefonnetzen, Regenwasserableitung, neuen Siedlungsgebieten usw.

Große Bauwerke: Dämme, Brücken, Straßen, Eisenbahnen usw.

Landwirtschaft: Registrierung von Anbauflächen, Anbauprojekten, Entwässerung, Bewässerung usw.

Forstwirtschaft: Aufforstung und Wiederaufforstung, Dimensionierung von Waldreservaten usw.

Die Topographie ist in mehrere Gebiete unterteilt:

a) Topometrie: Sie ist für die Messung von Entfernungen und Winkeln zuständig, um die Eigenschaften des Geländes mit größtmöglicher Genauigkeit wiederzugeben. Die Topometrie wird unterteilt in:

Planimetrie: Bestimmung von Winkeln und Entfernungen in der Horizontale, als würde man das untersuchte Gebiet von oben betrachten.

Altimetrie: Ermittlung von Vertikalwinkeln und Distanzen, also Höhenunterschieden und Zenitwinkeln, bei Vermessungen auf einer vertikalen Ebene, beispielsweise einem Geländeausschnitt.

b) Topologie: Untersucht die Formen des Geländes und die Gesetze, die seine Modellierung bestimmen, und interpretiert die durch die Topometrie gesammelten Daten.
c) Tachyometrie: Sie konzentriert sich auf die Vermessung von Punkten auf dem Gelände vor Ort und ermöglicht es uns, schnell Pläne mit Höhenlinien zu erhalten, die die Höhenunterschiede in der horizontalen Ebene darstellen. Diese Pläne werden als planialtimetrisch bezeichnet.

d) Photogrammetrie: Wissenschaft, die es uns ermöglicht, das Relief einer Region durch Fotografien zu verstehen. Ursprünglich wurden die Bilder vom Boden aus aufgenommen, heute werden sie jedoch hauptsächlich von Flugzeugen und Satelliten aus erstellt.

Der topografische Plan ist eine orthogonale Projektion eines Teils der Erdoberfläche. Die Grenzen des Landes und alle seine natürlichen und künstlichen Besonderheiten werden auf diese horizontale Ebene projiziert.

Sehen wir uns einige Definitionen und Richtlinien in der Norm NBR 13133 an, die bei einer topografischen Vermessung befolgt werden müssen, beginnend mit der Definition:

Topografische Vermessung ist eine Gesamtheit von Methoden und Verfahren, die durch die Messung von horizontalen und vertikalen Winkeln sowie horizontalen, vertikalen und geneigten Entfernungen mit Instrumenten, die der erforderlichen Genauigkeit entsprechen, Stützpunkte im Boden platzieren und materialisieren und ihre topografischen Koordinaten bestimmen. Diese Stützpunkte werden mit den Detailpunkten für eine genaue planimetrische Darstellung in einem vorgegebenen Maßstab und eine altimetrische Darstellung mithilfe von Konturlinien mit ebenfalls vorgegebenen äquidistanten und/oder begrenzten Punkten in Beziehung gesetzt.

Bei der beschleunigten topographischen Aufnahme handelt es sich um eine orientierende Vermessung des Geländes zum Zwecke der Erkennung, ohne dass Genauigkeitskriterien im Vordergrund stehen.

Die planimetrische topografische Vermessung (oder Perimetervermessung) ist die Vermessung der Grenzen und Gegenüberstellungen eines Grundstücks, wobei dessen Umfang bestimmt wird, einschließlich der Ausrichtung der Straße oder des öffentlichen Raums, zu dem es zeigt, seiner Ausrichtung und Verbindung mit auf dem Grundstück vorhandenen Punkten, einem Netzwerk, einer Katasterreferenz oder, falls dies nicht möglich ist, mit bemerkenswerten und stabilen Punkten in der Nähe. Wenn die Identifizierung des Eigentums an der Immobilie beabsichtigt ist, sind andere ergänzende Elemente erforderlich, wie z. B. technisch-juristisches Fachwissen und beschreibendes Gedächtnis.

Das ausschließliche Ziel der altimetrischen topografischen Vermessung (oder Nivellierung) besteht in der Bestimmung der Höhen relativ zu einer Referenzoberfläche der Stützpunkte und/oder Detailpunkte, vorausgesetzt, ihre planimetrischen Positionen sind bekannt, mit dem Ziel der altimetrischen Darstellung der vermessenen Oberfläche.

Die planimetrische topografische Vermessung ist die planimetrische Vermessung plus die altimetrische Bestimmung des Geländereliefs und der natürlichen Entwässerung. Diese Art der Vermessung kann zur Registrierung verwendet werden, wenn sie die planimetrische Bestimmung der Position bestimmter auf und über dem Boden sichtbarer Details umfasst, wie z. B. Grenzen von Vegetation oder Anbauflächen, Innenzäune, Gebäude, Verbesserungen, Pfosten, Schluchten, isolierte Bäume, Gräben, Bewässerungsgräben, natürliche und künstliche Entwässerung usw. Diese Details müssen aufgezeichnet und in den Ausschreibungen, Vorschlägen und

Rechtsinstrumenten der an ihrer Ausführung interessierten Personen aufgeführt werden.

Richtungsmessungen gemäß NBR 13133 bedeuten die Messung horizontaler Winkel mit Blicken in die beiden vom Theodoliten zugelassenen Messpositionen (direkt und umgekehrt), ausgehend von einer als Ursprung genommenen Richtung, die unterschiedliche Positionen auf dem horizontalen Arm des Theodoliten einnimmt. Beobachtungen aus einer Richtung, an der vorderen und hinteren Position des Theodoliten, werden als konjugierte Ablesungen bezeichnet. Eine Reihe konjugierter Ablesungen besteht aus der aufeinanderfolgenden Beobachtung von Richtungen, ausgehend von der Ursprungsrichtung, nach außen in die direkte Position des Teleskops gedreht und in die umgekehrte Position zurückgekehrt oder umgekehrt, in der letzten Richtung endend und mit der Drehung beginnend, ohne die Drehung zu beenden. Das auf dem horizontalen Arm des Theodoliten zwischen den Positionen der Ursprungsrichtung gemessene Intervall wird als Wiederholungsintervall bezeichnet.

Um „n" Reihen konjugierter Ablesungen mit der Richtungsmethode zu beobachten, muss das Wiederholungsintervall 180°/n betragen. Beispielsweise muss für drei Reihen konjugierter Ablesungen das Wiederholungsintervall 180°/3 = 60° betragen und die Richtung des Ursprungs muss auf dem horizontalen Arm des Theodoliten Positionen nahe 0°, 60° und 120° einnehmen. Die mit der Richtungsmethode gemessenen Winkelwerte sind das arithmetische Mittel ihrer in den verschiedenen Reihen erhaltenen Werte.

Punkt und Linie sind Beispiele für primitive grafische Elemente, die bei der Vermessung verwendet werden, um einen Teil der Erdoberfläche durch konstruierte Zeichnungen darzustellen.

ein Punkt:

Punkte definieren den Anfang und das Ende von Linien sowie die Eckpunkte von Polygonen. Diese als topografische Punkte bezeichneten Punkte werden durch in den Boden eingelassene Pfähle materialisiert. Neben dem Pfahl wird ein Markierungspfahl eingeschlagen, auf den die Identifikation des Punktes geschrieben werden muss.

Nachfolgend sehen Sie eine Darstellung der Mahnwache und des Zeugenpfahls.

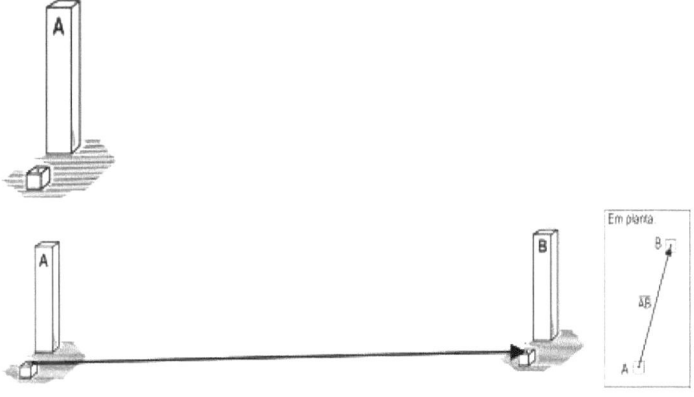

b) Linie:

Linien verbinden Vermessungspunkte in einer logischen Reihenfolge und bilden flache Polygone, deren Dimension und Ausrichtung auf einer bekannten Ausrichtung basieren. Diese

Polygone sind die Grundlage der mathematischen Operationen der Topographie. In der vorherigen Abbildung definieren die Vermessungspunkte A und B die Ausrichtung AB, wobei die Entfernung d_{AB} eine der Koordinaten dieser Ausrichtung ist.

Die Ebene ist die Einheit, die von der Topografie zur Darstellung der gemessenen Region verwendet wird. Mit anderen Worten wird diese Region oder dieser Teil der untersuchten Oberfläche als horizontale Ebene betrachtet, auf die Beobachtungsgrößen wie die Entfernung und Ausrichtung zwischen zwei Punkten projiziert werden. Basierend auf diesem topografischen Konzept werden Entfernungen auf einer Ebene immer entsprechend dem Wert der Projektion der Punkte auf die horizontale Ebene dargestellt, da die topografische Ebene eine horizontale Projektion ist.

In der folgenden Abbildung ist die geneigte Distanz d' die Distanz zwischen den Punkten, die die AB-Ausrichtung auf dem Boden definieren, während die horizontale oder reduzierte Distanz d die Distanz zwischen den Punkten ist, die die horizontale Linie definieren. AC-Ausrichtungsprojektion. Für die Zwecke der planimetrischen Darstellung und Flächenberechnung müssen die geneigten Distanzen auf ihre horizontalen Basispunkte reduziert werden.

Horizontale Distanz (reduziert) d und geneigte Distanz d'

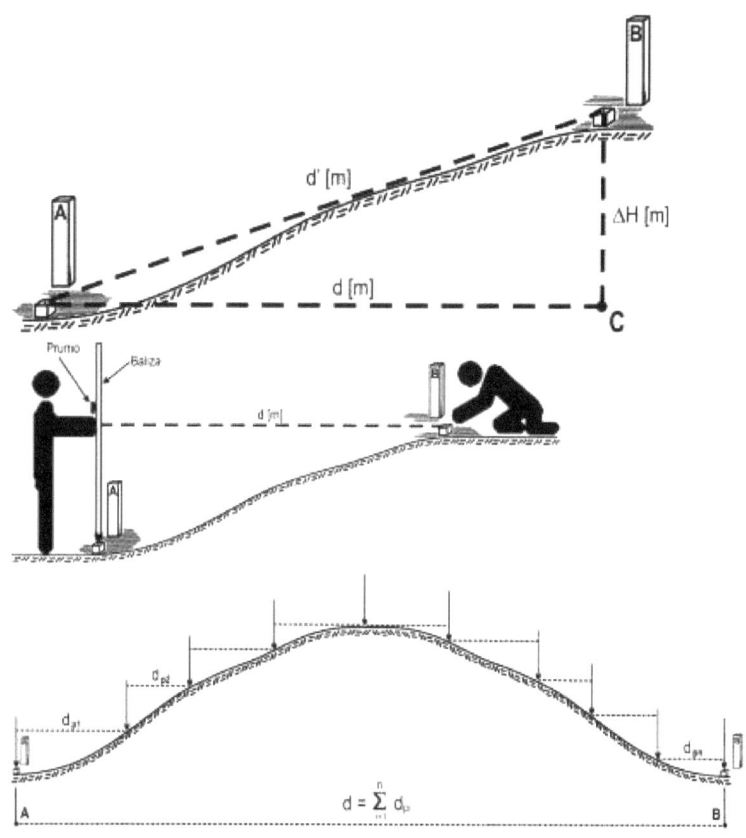

Mit Baken wird der topografische Punkt entlang seiner Vertikale verlängert, sodass die horizontale Distanz so genau wie möglich gemessen werden kann. Um die Vertikalität der Bake während der Messung sicherzustellen, wird eine am Instrumentenkörper befestigte Lotblase verwendet. Nachfolgend finden Sie eine Abbildung der Verwendung von Baken zum Messen horizontaler Distanzen:

Einsatz von Beacons zur Messung horizontaler Entfernungen.

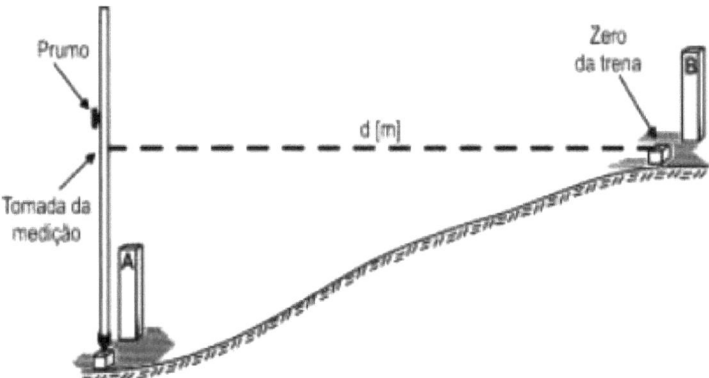

Entfernungen können auf zwei Arten gemessen werden: direkt und indirekt.

Direkte Messung

Eine direkte Messung von Entfernungen erfolgt, wenn die Entfernung im Vergleich zu einer Standardgröße oder geradlinigen Einheit, einem sogenannten Diastometer, bestimmt wird. Abhängig von der Art des Diastimeters kann die Messung von Ausrichtungen in drei Kategorien eingeteilt werden:

Geringe Präzision: Wird bei beschleunigten Vermessungen verwendet, bei denen Präzision keine strenge Anforderung ist. Beispiele hierfür sind die Geschwindigkeit von Mensch oder Tier, Räder und Getriebe von Fahrzeugen (Kilometerzähler und Tachometer), Geräusche und Uhren.
Mittlere Präzision: Geeignet für gängige Vermessungen. Beispiele hierfür sind Ketten oder Vermessungsketten, Stahl-, Segeltuch- oder Faserbänder und -maße.

Hohe Präzision: Entwickelt für geodätische Vermessungen. Ein Beispiel ist der Invarfaden, dessen Ausdehnungskoeffizient nahe Null liegt.

Der Betrieb mit Maßband und Bake erfordert die Zusammenarbeit von zwei Personen. Im untersten Paddock muss zwingend ein Ziel aufgestellt werden, um eine horizontale Projektion zu gewährleisten. Die Messung kann in einem einzigen Durchgang durchgeführt werden, wenn der Abstand zwischen den beiden Punkten geringer ist als die maximale Ausdehnung des Maßbandes. Andernfalls muss in mehreren Schritten (auch Trainadas genannt) gemessen werden, d. h. die zu messende Strecke wird in Abschnitte unterteilt, die in derselben Ausrichtung ausgerichtet sind und am Ende addiert werden müssen.

Indirekte Messung

Die Entfernungen werden indirekt aus Größen ermittelt, die durch bekannte mathematische Modelle in Beziehung stehen, und es ist nicht erforderlich, diese zu durchlaufen, um sie mit der Standardgröße zu vergleichen.

Das indirekte Verfahren zur Entfernungsmessung, die sogenannte Tachymetrie, verwendet das stadimetrische Prinzip. Die verwendeten Instrumente sind:

Stadien: Stadimetrisches Lineal oder Fadenkreuz mit Zentimetereinteilung.

Tachymeter: Instrument zur optischen Messung von Entfernungen, wie Theodolit und Nivellier.

Gonologie

Bei topografischen Vermessungen sind Winkel häufige und wichtige Elemente. Daher ist es wichtig zu wissen:

Gonologie: Teilgebiet der Topographie, das sich mit Winkeln befasst.

Goniometrie: Befasst sich mit den Verfahren, Methoden und Instrumenten zur numerischen Berechnung von Winkeln, die sowohl in der horizontalen Ebene (Horizontalwinkel) als auch in der vertikalen Ebene (Vertikalwinkel) gemessen werden können.

Goniographie: Befasst sich mit den Verfahren, Methoden und Instrumenten zur geometrischen Wiedergabe (Zeichnung) von im Gelände ermittelten Winkeln, also der Übertragung des Winkels auf die Zeichnung.

Raumwinkel: Mit Goniometern gemessene Winkel.

Goniometer: Instrumente zum Messen von Winkeln.

Der Theodolit ist das bei Vermessungsarbeiten üblicherweise verwendete Goniometer.
Goniometer können direkt oder teleskopisch sein. Die mit einer Lünette können direkt oder umgekehrt sein, wobei die mit einer umgekehrten Lünette als besser gelten.

Hauptbestandteile eines Goniometers:

Ast: Teil, der die Bruttowinkel misst und horizontal oder vertikal sein kann. Es handelt sich um einen Messkreis, an dem horizontale und vertikale Winkel abgelesen werden. Dies ist der spezielle Teil des Theodoliten.

Mikrometerskala (Mikrometer): Präzisere Skala, die Minuten und Sekunden anzeigt (elektronische Sensoren).

Alidade: Beweglicher Teil des Goniometers.

Basis: Fester Teil des Gerätes.

Gliedmaßen können nach dem Klassifizierungssystem klassifiziert werden:

Centesimal: Wenn der Gliedmaßenteil in 400 Einheiten (Grad) unterteilt ist.

Sexagesimal: Wenn der Körperteil in 360 Einheiten (Grad, Minuten und Sekunden) unterteilt ist.

Sie können auch nach der Abschlussrichtung klassifiziert werden:

Rechtshändig: Misst Winkel im Uhrzeigersinn (Theodolit).

Linksdrehend: Misst Winkel gegen den Uhrzeigersinn (Kompass).

Konjugiert: Misst Winkel in beide Richtungen.

Quadranten: Misst Winkel in 90°-Quadranten.

Planimetrische Vermessungstechniken

Die Polygonation ist eine Methode zur Bestimmung der Koordinaten von Punkten bei der Vermessung, insbesondere zur Definition planimetrischer Stützpunkte. Ein Polygonzug besteht aus einer Reihe aufeinanderfolgender Linien, deren Länge und Richtung bekannt sind und durch Messungen im Gelände ermittelt wurden.

Die Vermessung einer Kreuzung erfolgt mit der Methode des Gehens. Dabei wird die Kontur einer durch eine Reihe von Punkten definierten Route abgeschritten und dabei alle Winkel, Seiten und eine Anfangsausrichtung gemessen. Aus diesen Daten und einer Anfangskoordinate können die Koordinaten aller Punkte berechnet werden.

Unten sehen Sie eine Illustration eines Polygons:

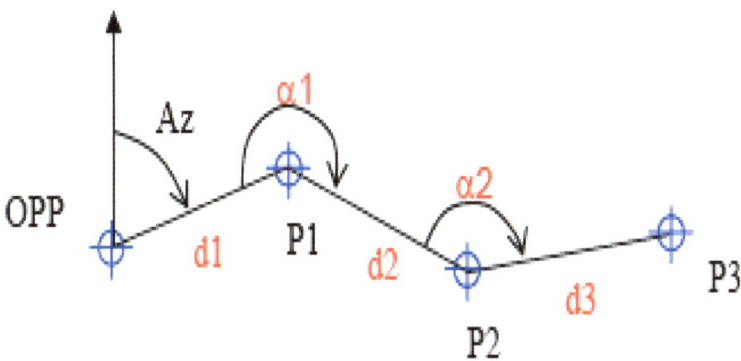

Bestrahlungsmethode

Die Bestrahlungsmethode wird zur Inspektion kleiner Flächen oder als Hilfsmethode zur Polygonisierung verwendet. Dabei wird ein geeigneter Punkt zur Installation des Geräts ausgewählt, der sich innerhalb oder außerhalb des Umfangs befinden kann, und die Azimute und Entfernungen zwischen der Theodolitstation und jedem Zielpunkt aufgezeichnet.

Diese Methode ist einfach, schnell und leicht anzuwenden und kann mit anderen Methoden wie Spaziergängen kombiniert werden, um die Untersuchung zu ergänzen. Die Genauigkeit der Methode hängt jedoch von der Sorgfalt des Anwenders ab, da es keine Kontrolle über eventuell auftretende Fehler gibt.

Aufgrund dieser möglichen Fehler ist es ratsam, dass der Bediener den Ausgangspunkt nicht sofort verlässt, bevor er überprüft hat, ob alle erforderlichen Daten erfasst wurden. Die Überprüfung kann durch die Addition der Winkel um den Ausgangspunkt erfolgen, die zusammen 360° ergeben müssen.
Wenn entlang der Schwelle gekrümmte Flanken vorhanden sind, ist eine größere Anzahl von Bestrahlungen erforderlich, um eine gute Abgrenzung der Kurven zu gewährleisten.

Klassifizierung von Polygonen nach NBR 13133 (ABNT, 1994)

Hauptpolygon: Bestimmt die topographischen Stützpunkte erster Ordnung.

Sekundärpolygon: Basierend auf den Eckpunkten des Hauptpolygons werden die topografischen Stützpunkte zweiter Ordnung bestimmt.

Hilfspolygon: Von planimetrischen topografischen Stützpunkten aus werden ihre Scheitelpunkte im zu vermessenden Gebiet oder Streifen verteilt. Es ermöglicht das direkte oder indirekte Sammeln der wichtigen Detailpunkte, die durch den Maßstab oder das Detailniveau der Vermessung festgelegt wurden, durch Bestrahlung, Schnittpunkt oder Ordinate auf einer Basislinie.

Schnittpunktmethode

Bei der Schnittpunktmethode werden die Messungen von zwei Punkten (zwei Stationen) gekreuzt. Zunächst werden von Station A (Basis) aus die Eckpunkte des Polygons notiert und die Azimute von jedem einzelnen abgelesen. Der Theodolit wird dann zu einer zweiten Station B transportiert, von wo aus die bereits von A markierten Punkte abgelesen und die Abweichungen gemessen werden.

Für eine höhere Genauigkeit wird eine Basis gewählt, die eine der Seiten des Polygons oder ein Punkt darin sein kann. Die Genauigkeit des Vorgangs hängt von der Wahl der Basis ab. Diese Methode ist ideal, wenn einige Eckpunkte des Polygons unzugänglich sind, und bietet den Vorteil schnellerer Vorgänge, erfordert jedoch, dass das Polygon frei von Hindernissen ist.

Es kann als Einzelstudie für einen Bereich oder als Gehhilfe verwendet werden, solange die Bereiche relativ klein sind. Wie bei der Bestrahlungsmethode besteht keine Möglichkeit einer Fehlerkontrolle.

Gehmethode

Die Gehmethode besteht darin, die aufeinanderfolgenden Seiten einer Kreuzung zu messen und die Winkel zu bestimmen, die diese Seiten zueinander bilden, indem man entlang der Kreuzung geht, das heißt, auf ihr läuft. Diese Methode ist mühsam, aber sehr präzise und lässt sich an jede Art und Größe von Oberflächen anpassen. Sie wird häufig in relativ großen und zerklüfteten Gebieten verwendet. Die Strahlungs- und Schnittpunktmethoden werden als Hilfsmittel mit dem Gehen in Verbindung gebracht.

Der Spaziergang ist unterteilt in:
Offen oder angespannt: Wenn es durch eine polygonale Linie gebildet wird, die von zwei verschiedenen und benannten Punkten unterstützt wird (einer ist der Ursprungspunkt und der andere der Schlusspunkt).

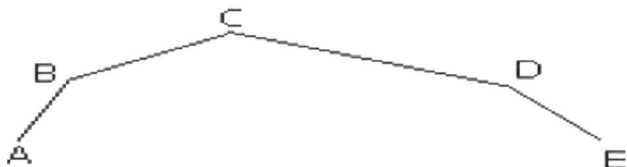

geschlossen – wenn es durch ein Polygon gebildet wird, das auf einem einzigen Punkt ruht, dem Ursprungspunkt, mit dem der Abschlusspunkt verwechselt wird.

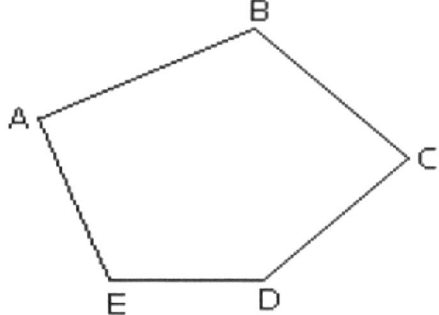

Gehumfrage

Bei Vermessungen zu Fuß werden Entfernungen normalerweise indirekt durch Stadimetrie ermittelt. Nur bei geringen Entfernungen wird das Maßband verwendet, um sie direkt zu messen. Horizontale Winkel können auf zwei Arten bestimmt werden: durch Ablenkungen, die die Berechnung von Azimute ermöglichen (die gebräuchlichste Methode), oder durch die Innenwinkel der Eckpunkte des Polygons.

Nach der Datenerfassung im Feld ist es möglich, zufällige Fehler bei Winkeln und Entfernungen zu erkennen und zu korrigieren, indem man sie mit den sogenannten Toleranzgrenzen vergleicht, die die maximal zulässigen Fehler darstellen.

Die Untersuchung von Methoden, die den Spezifikationen des technischen Standards INCRA für die Georeferenzierung von ländlichen Grundstücken entsprechen, ist in akademischen

Diskussionen von großer Bedeutung. Dies liegt daran, dass die Verwendung von Methoden der globalen Positionierung bei der Untersuchung von ländlichen Grundstücken in herkömmlichen Vermessungstechniken große Unterstützung gefunden hat. Bei einer Kombination topografischer Methoden ist die geometrische Reduzierung der Entfernungen zur topografischen Ebene erforderlich (KAHMEN; FAIG, 1988 apud SILVA; AZEVEDO; SEIXAS, 2006).

Erhebungsmethoden

Polygonation: Wird häufig bei der Georeferenzierung von ländlichen Grundstücken verwendet, insbesondere in den Phasen der Perimetervermessung und der Entwicklung des Polygons zur Unterstützung der Abgrenzung. INCRA akzeptiert die Kompensation von Entfernungen und Winkeln entsprechend den Informationen zur Kreuzungsschließung. Für Beobachtungen, die mit der Methode der kleinsten Quadrate (MMQ) angepasst wurden, ist es wichtig, über zahlreiche Beobachtungen zu verfügen, um eine genaue Anpassung zu gewährleisten (SILVA; AZEVEDO; SEIXAS, 2006).

Polarmethode (einfache Bestrahlung): Wird von Fachleuten am häufigsten für die Vermessung von Details (Objektpunkten) verwendet, hauptsächlich um die Koordinaten der Scheitelpunkte zu bestimmen, die die Grenzen des Grundstücks definieren, mit einer Genauigkeit von 50 cm im Verhältnis zum Nachbarn.

Vordere Schnittmenge: Sie muss gemäß dem technischen Standard INCRA (2003) für die Durchführung von Kreuzungen mit Tachymetrie verwendet werden, wobei jeder Punkt von zwei verschiedenen Standpunkten aus betrachtet wird. Diese Methode liefert bessere Ergebnisse bei der Bestimmung von Grundstücksgrenzen und ist wichtig für die Verwendung des MMQ bei der Anpassung von Beobachtungen.

Rückwärtsverschneidung (Rückverschneidung): Wird aufgrund von Hindernissen wie Zäunen oder Grenzmauern nur selten zur Bestimmung der Koordinaten der Eckpunkte des Grundstücks verwendet. Kann jedoch zur Verdichtung geodätischer Strukturen (Feld von Referenzpunkten) verwendet werden. Der Anwender muss die geometrische Konfiguration der Stationen berücksichtigen, um mit dieser Methode eine Anpassung der Beobachtungen zu ermöglichen.

KAPITEL 8: GEOPROCESSING UND IHRE ANWENDUNGEN

Öffentliche Beleuchtung mit Hochleistungsleuchten

Laut der National Electric Energy Agency (ANEEL, 2010) ist öffentliche Beleuchtung eine Dienstleistung, deren Ziel darin besteht, öffentliche Räume regelmäßig, kontinuierlich oder gelegentlich zu erhellen.

Zwei grundlegende und wichtige Konzepte verdienen es, hervorgehoben zu werden. Auf sie wird später zu Recht eingegangen:

1) Beleuchtungsstärke (Lux): Bezeichnet das Verhältnis zwischen dem auf eine Oberfläche auftreffenden Lichtstrom und der Fläche dieser Oberfläche. Leuchtdichte (cd/m²): Stellt die Lichtstärke dar, die von einer Oberfläche ausgeht.

2) Farbtemperatur: Drückt das Erscheinungsbild der Farbe des emittierten Lichts aus. Farbwiedergabeindex: Misst die Übereinstimmung zwischen der tatsächlichen Farbe eines Objekts und seinem Erscheinungsbild unter einer bestimmten Lichtquelle.

Manche fragen sich vielleicht, welche Beziehung zwischen Straßenbeleuchtung und Geoverarbeitung besteht. Die Antwort ist ganz einfach: Durch ein Geoverarbeitungssystem, genauer gesagt durch Georeferenzierung, ist es möglich, Feldstudien mithilfe von GPS durchzuführen und verschiedene Daten und Informationen zu sammeln, die die Verwaltung der öffentlichen

Beleuchtung erleichtern. Dies trägt dazu bei, den Verschleiß zu reduzieren, die Beleuchtungseffizienz zu erhöhen und letztendlich die Kosten in diesem Sektor zu senken, der derzeit mit zahlreichen Herausforderungen konfrontiert ist.

Obwohl es bei der Umsetzung von öffentlichen Beleuchtungsprojekten Schwierigkeiten gibt, wie z. B. den Abstand zwischen den Masten, der oft nicht zur Unterstützung des Energieverteilungsnetzes geplant ist, bietet die Verwendung eines Georeferenzierungssystems mehrere Vorteile, darunter:

- Untersuchung des bestehenden öffentlichen Beleuchtungsparks;
- Einfaches Auffinden defekter Stellen;
- Aufzeichnung der Interventionshistorie und Verknüpfung der auf jeden Lichtpunkt angewendeten Materialien.

Schueda (2011) betont, dass viele Gemeinden noch immer keine vollständige Übersicht über ihre öffentliche Beleuchtungsanlage haben oder deren Aufzeichnungen veraltet sind. Dies erschwert die Beschaffung der für die Wartung erforderlichen Materialien und erschwert die Untersuchung der öffentlichen Beleuchtungslast durch das Energieversorgungsunternehmen, die für die Berechnung des Energieverbrauchs unerlässlich ist.

Aus diesem Grund ist es für ein gutes öffentliches Beleuchtungsmanagement notwendig, eine Felduntersuchung aller vorhandenen Punkte durchzuführen und die georeferenzierten Koordinaten jedes Beleuchtungspunkts aufzuzeichnen. Diese Daten müssen in ein System eingegeben werden, das die vollständige Beschreibung aller Informationen zu jedem Lichtpunkt ermöglicht.

Derselbe Autor wies in seinen Studien darauf hin, dass die Verwendung eines georeferenzierten öffentlichen Beleuchtungssystems es ermöglicht, Materialien mit dem Lichtpunkt zu verknüpfen. Für das Material, das das Lager verlässt, kann ein Barcode generiert werden, und während der Ausführung des Serviceauftrags vor Ort muss der Elektriker entweder über PDA, Notizbücher oder gedruckte Serviceaufträge den Barcode des an diesem Punkt verwendeten Materials aufzeichnen. Dies erschwert mögliche Materialabweichungen und ermöglicht es außerdem, die Nutzungsdauer von Komponenten zu kontrollieren, die Haltbarkeit je nach Gerätemarke zu überprüfen und Mängel in einer bestimmten Komponentencharge zu erkennen.

Anwendung bei Umweltgenehmigungen

Die Umweltlizenzierung ist ein Bereich, in dem Geoverarbeitungstools eine hohe Anwendbarkeit bewiesen haben, wie die Arbeiten von Veslaques et al. (2002) und Corrêa et al. (2013) zeigen. Der Einsatz der Fernerkundung ist beispielsweise bereits im Territorial- und Umweltmanagement etabliert und stellt ein besonders wirksames Instrument im öffentlichen Management dar. Es wird sowohl in der territorialen Entwicklungsplanung als auch bei der Gestaltung und Umsetzung öffentlicher Richtlinien eingesetzt und ermöglicht so eine breite Anwendung im Management natürlicher Ressourcen (SILVA; ALTIMARE; LIMA, 2006; ALMEIDA, AC, 2010; MENKE, et al., 2009).

Bei der Anwendung auf die Verwaltung der Nutzung und Besetzung von Land und natürlichen Ressourcen können

Fernerkundungsinstrumente Maßnahmen flexibler und qualitativer gestalten, insbesondere bei Umweltinspektionen und -genehmigungen. Letzteres wurde durch die nationale Umweltpolitik festgelegt und überträgt dem Staat die Verantwortung, natürliche Ressourcen zu schützen und angemessen zu verwalten sowie potenziell umweltschädliche Aktivitäten zu kontrollieren (BRASILIEN, 1981).

Fernerkundung wurde erfolgreich zur Kartierung von Waldgebieten eingesetzt. Die verschiedenen Phytophysiognomien weisen variable Blattreflexionsindizes auf, die von Faktoren wie der vorhandenen Art, der Chlorophyllrate, der Anordnung der Chloroplasten und Vakuolen, der Wassermenge in den Blättern und der Dichte des Blätterdachs abhängen. Mit Beispielen dieser Informationen ist es mithilfe geeigneter Software möglich, nach Satellitenbildern von Gebieten mit ähnlichen Spektren zu suchen (COOPS et al., 2001; CHEN et al., 2007 apud CORREA et al., 2013).

Auf diese Weise lässt sich die Verbreitung eines Ökosystems anhand der charakteristischen Flora bestimmen. Darüber hinaus ist die Konstruktion von Computermodellen für Wahrscheinlichkeitsvorhersagen, die Überwachung von Gesichtsfeldveränderungen und die Veränderungskontrolle möglich.
Correa et al. (2013) wählten eine Mangrove zur Kartierung, Quantifizierung und Überwachung und begründeten dies damit, dass dieses Ökosystem durch menschliche Aktivitäten einem zunehmenden Druck ausgesetzt ist. Die Degradierung dieser Gebiete ist intensiv, mit einem jährlichen Verlust von 1 bis 2 %, der hauptsächlich auf die Besiedlung durch Städte, die

Verschmutzung und die Ansiedlung von Unternehmen, insbesondere der Aquakultur, zurückzuführen ist.

Für diese Arbeit verwendeten die Autoren multispektrale Bilder der RapidEye-Satellitenkonstellation, die georeferenziert und orthorektifiziert sind. Diese Bilder mit einer Auflösung von 5 Metern und 12 Bit bestehen aus fünf Bändern, darunter das Nahinfrarot (0,76 bis 0,90 Mikrometer) und die rote Kante (0,69 bis 0,73 Mikrometer), zusätzlich zum sichtbaren Spektrum. Die Bilder deckten die gesamte Küste von Sergipe ab und deckten eine Fläche von 502.200 Hektar ab.

Zur Bildbearbeitung wurde das Programm ERDAS Imagine Professional verwendet, das dem Prinzip der ökologischen Modellierung folgt. Dabei dienen die mit jedem Pixel des Bildes verknüpften Informationen als Muster, um Bereiche mit ähnlichen Informationen zu identifizieren. Die geografischen Koordinaten der Mangrovengebiete wurden vor Ort gesammelt, um als Musterbank zu dienen und die Signatur des Bildes dieses Ökosystems zu bestimmen. Der Reflexionswert der Gebiete war die mit dem Bild verknüpfte Information.

Im Programm wurden mit dem Tool „Model Maker" alle Bereiche ohne Pflanzenbiomasse mithilfe des Normalized Difference Vegetation Index (NDVI) aus den Bildern entfernt. Die Bilder wurden mithilfe des überwachten Klassifizierungstools klassifiziert, basierend auf Signaturen, die aus im Feld gesammelten Koordinaten erstellt wurden, um Mangrovengebiete zu identifizieren. Diese Klassifizierung führte zu einem Mangrovenverteilungsmodell im Staat.

Die Autoren kamen zu dem Schluss, dass die Diagnose der Ausdehnung und Verteilung der Mangrovenreste in Sergipe als Instrument zur Umweltüberwachung des Ökosystems sowie zur Planung und Verwaltung der Landnutzung und -belegung verwendet werden kann, um menschliche Entwicklungsaktivitäten auf Gebiete zu lenken, in denen sie keine negativen Auswirkungen auf die Umwelt haben.

Die Einführung eines automatisierten Umweltüberwachungssystems stellt einen wichtigen Fortschritt im Ökosystemmanagement dar, da es Informationen über Fortschritte und Unterdrückungen in Mangrovengebieten liefert und Genehmigungsbehörden eine effektivere Überwachung und Erhaltung dieser Gebiete ermöglicht (CORREA et al., 2013).

Antrag auf öffentliches Straßenmanagement

Absatz 2 des Artikels 95 der brasilianischen Straßenverkehrsordnung (Gesetz Nr. 9.503/97) legt fest, dass ohne vorherige Genehmigung der für die Strecke zuständigen Stelle keine Arbeiten oder Veranstaltungen begonnen werden dürfen, die den freien Verkehr von Fahrzeugen und Fußgängern stören oder unterbrechen oder deren Sicherheit gefährden könnten.

Die Mobilitätsanforderungen der Bevölkerung innerhalb des Stadtgebiets zu erfüllen, ist eine der größten Herausforderungen für Kommunalverwaltungen und -planer. Angesichts der zunehmenden Zahl der Verkehrsteilnehmer und der damit verbundenen Nachfrage nach öffentlichen Straßen ist es von entscheidender Bedeutung, dass Regierungen und Planer sowohl in operativer als auch in finanzieller Hinsicht effektivere Entscheidungen treffen.

Santos (2004) betont, dass die oft widersprüchlichen Ziele der Kostensenkung und der Verbesserung der Qualität der erbrachten Dienstleistungen eine bessere Ausbildung der Transport- und Transittechniker sowie bessere Werkzeuge zur Unterstützung des Planungsprozesses erfordern. Diese Notwendigkeit, die von Entscheidungsträgern in den Bereichen Stadtplanung und Transport verwendeten Werkzeuge zu aktualisieren, hat zu einer wachsenden Nachfrage nach Geographischen Informationssystemen (GIS) geführt.

Die Generierung korrekter und zuverlässiger Informationen ist für ein strategisches und effizientes Management sowohl in öffentlichen als auch in privaten Organisationen von entscheidender Bedeutung. Im öffentlichen Sektor ermöglicht dies eine bessere Kontrolle der Ausgaben und eine Optimierung der Ressourcen, was zu einer höheren Zufriedenheit und einem schnelleren Service für die Öffentlichkeit führt.

In diesem Zusammenhang hat sich die Geoverarbeitung als wertvolles Instrument zur Optimierung von Unternehmensaktivitäten erwiesen. Mithilfe von Techniken, die räumliche Ortung und Datenverarbeitung beinhalten, abstrahiert die Geoverarbeitung strategische Variablen aus der realen Welt und analysiert sie innerhalb eines vordefinierten Raums (SANTOS, 2004).

Der Forscher schlug die Anwendung der Geoverarbeitung im Transport- und Verkehrsmanagement in einer Gemeinde in Minas Gerais vor, insbesondere im zentralen Gebiet von Itabira

(MG). Er begründet diese Forderung mit einem Zitat von Viviani et al. (1994) und Silva (2001), die bestätigen, dass GIS im Verkehrsingenieurwesen weit verbreitet sind und als GIS-T bekannt sind. Der Anwendungsbereich von GIS-T ist breit und deckt alles von der Planung bis zum Transportbetrieb ab. Einige der verschiedenen Anwendungen von GIS im Transportbereich umfassen die geometrische Gestaltung von Autobahnen, Verkehrsüberwachung und -steuerung, Analyse von Transportangebot und -nachfrage, Unfallverhütung, Routenoptimierung und Verkehrssteuerung. Straßenbetrieb.

Die Hauptvorteile der Verwendung von GIS zusammen mit Transportmodellen sind:

Datenintegrität: Durch die Integration mit Modellen bietet GIS dem Benutzer eine größere Transparenz hinsichtlich der physischen Aspekte der Daten.

Vereinfachung von Vorgängen: Die im GIS vorab integrierten Vorgänge eliminieren oder vereinfachen Aufgaben, die normalerweise manuell oder in isolierten und schlecht integrierten Rechenmodulen ausgeführt würden;
Einfache Bearbeitung und grafische Darstellung;
Topologische Verarbeitung: Erleichtert geographisch basierte Bearbeitungsvorgänge;

Reduzierung der Speicher- und Bearbeitungskosten;

Erweiterte Analyse: Ermöglicht Analysen und Darstellungen, die mit herkömmlichen Verfahren bisher praktisch nicht umsetzbar waren, wie z. B. die Ermittlung der kürzesten Wege zwischen Paaren von Ausgangs- und Zielgebieten usw. (KAGAN et al., 1992).

Bravo und Cerdá (1995) betonen, dass GIS kein Selbstzweck sind, sondern vielmehr ein „Mittel", ein Werkzeug zur Analyse und Optimierung von Prozessen. Die Wirksamkeit des Systems hängt sowohl von seinen Eigenschaften und seinem Potenzial als auch von der Leistungsfähigkeit der Bediener oder Spezialisten ab, die es verwenden. Es ist von wesentlicher Bedeutung, dass es eine Organisation von Personen, Einrichtungen und Teams gibt, die sich der Implementierung eines GIS widmen und klare Ziele und die notwendigen Ressourcen haben, um diese zu erreichen.

Die Arbeit von Santos (2004) hat gezeigt, dass GIS die Durchführung von Sperrprojekten ermöglicht und dabei hilft, rechtzeitig Pläne für die Sperrung öffentlicher Straßen in Städten vorzubereiten. Dies optimiert die Entscheidungsfindung bei Änderungen der Reiseroute und erleichtert die Wahl der Veranstaltungsorte, wodurch Störungen des lokalen Verkehrs minimiert werden. Das System liefert detaillierte Informationen zum Veranstaltungsort, zur Verkehrsrichtung, zur Straßenbreite und -steigung, zu Buslinien, Haltepunkten, zur Art der Beschilderung und zu den Namen öffentlicher Plätze.

KAPITEL 9: THEMATISCHE KARTIERUNG

Während sich die traditionelle systematische oder topografische Kartografie mit der Erstellung kartografischer Produkte auf geometrische und beschreibende Weise befasst, bietet die thematische Kartografie eine analytische oder erklärende Lösung, wie wir weiter unten sehen werden.

Vereinfacht ausgedrückt kann man sagen, dass sich die thematische Kartografie mit der Planung, Ausführung und dem endgültigen Druck (oder Layout) von thematischen Karten befasst, also Karten, die sich der Darstellung eines Hauptthemas widmen. Um ein gutes Ergebnis bei einer thematischen Karte zu erzielen, müssen bestimmte Grundsätze befolgt werden. Da diese Karten auf bereits vorhandenen Karten basieren, ist es unerlässlich, die Eigenschaften der Quellenbasis genau zu kennen (FITZ, 2008).

Thematische Karten

Thematische Karten verwenden im Allgemeinen andere Karten als Grundlage. Ihr Hauptziel besteht darin, mithilfe einer bestimmten Symbolik eine Darstellung der auf der Erdoberfläche vorhandenen Phänomene bereitzustellen. Jede Karte, die Informationen über die einfache Darstellung eines Gebiets hinaus enthält, kann als thematisch eingestuft werden, muss jedoch bestimmte grundlegende Elemente enthalten, um das Verständnis des Benutzers sicherzustellen. Diese Elemente sind:

1. Kartentitel: Er muss auffällig, präzise und prägnant sein.

2. Verwendete Konventionen.

3. Quellenbasis: Grundkarte, Daten usw.

4. Referenzen: Autorschaft, Produktionsdatum, Quellen usw.

5. Angabe der Nordrichtung: Erforderlich, wenn kein geografisches oder rechtwinklig ebenes Koordinatensystem vorhanden ist.

6. Maßstab.

7. Verwendetes Projektionssystem.

8. Verwendete Koordinatensysteme: Dies können Gitter (Fadenkreuze) oder Quadrate sein.

Laut Fitz (2008) müssen bei der Erstellung bzw. Konstruktion einer Karte unbedingt die ersten sechs aufgeführten Merkmale berücksichtigt werden, da sonst die Gefahr besteht, die Qualität der Arbeit zu beeinträchtigen. Weitere Empfehlungen des Autors sind:

Fügen Sie, wenn möglich, Projektions- und Koordinatensysteme ein, um die in der Karte enthaltenen Informationen wissenschaftlich zu validieren.

Wenn die Karte über ein durch Quadrate oder Gitter dargestelltes Koordinatensystem verfügt, ist die Angabe der Nordrichtung optional.

In digitalen Karten sind alle aufgeführten Informationen von wesentlicher Bedeutung, da ihr Fehlen den Einsatz von Geoverarbeitungstechniken verhindert, deren Ziel die Speicherung, Verarbeitung und Analyse georeferenzierter Daten, d. h. räumlich lokalisierter Informationen, ist. Hierzu sind hochqualifizierte Karten erforderlich.

Thematische Karten müssen bestimmte grundlegende Merkmale aufweisen, damit sie für jeden Benutzer leicht verständlich sind. Um die Details richtig zu lesen und sie mit der Realität zu verknüpfen, ist es notwendig, die eigene Vorstellungskraft zu nutzen und sich daran zu erinnern, dass Karten Darstellungen des Geländes sind, die so gestaltet sind, dass sie dessen Merkmale so getreu wie möglich wiedergeben.

Gitter und Quadrate

Gitter: Sätze aus Linien, die sich senkrecht schneiden und sphärische Trapeze bilden.

Quadrate: Paare paralleler Linien, die sich im rechten Winkel schneiden und Quadrate oder Rechtecke bilden.

Darstellung der Daten in thematischen Karten

Die darzustellenden Daten weisen spezifische Merkmale auf, die mit Sorgfalt behandelt werden müssen. Damit eine Karte genau das wiedergibt, was Sie möchten, ist es wichtig, bestimmte visuelle Variablen präzise zu verwenden, wie zum Beispiel:

Elementgröße: Der Maßstab der Karte muss in einem angemessenen Verhältnis zur endgültigen Größe des Druckprodukts stehen.

Töne und Schattierungen: Darstellungsmethoden, die parallele Linien oder Farben verwenden, um eine Vorstellung von Dichte oder Struktur des Reliefs zu vermitteln. Karten mit quantitativen Informationen sollten Schattierungen oder

Schattierungsvariationen verwenden, um Werte zu differenzieren.

Darstellungsformen

Für eine zutreffende und objektive Darstellung ist die Nutzung unterschiedlicher Darstellungsformen unabdingbar, wie zum Beispiel:

Linienform: für Informationen, die einen charakteristischen Verlauf erfordern, wie z. B. Straßen und Flüsse. Die gezeichnete Linie entspricht dabei oft nicht der tatsächlichen Breite des Motivs.

Punktform: Für Informationen, die durch Punkte oder geometrische Figuren dargestellt werden können, wie etwa Städte oder Industrien.

Zonale Form: Für Informationen, die einen bestimmten Bereich einnehmen, dargestellt durch Polygone, wie Vegetation, Boden, Klima usw.

Grundprinzipien für kartografische Karten

1. Jedes Phänomen muss durch eine spezifische Symbolik dargestellt werden.

2. Um qualitative Informationen zu erhalten, müssen die Symbole in ihrer Form variieren.

Diese Grundsätze stellen sicher, dass die in einer kartografischen Karte dargestellten Themen klar, objektiv und präzise sind und das Verständnis und die Analyse durch den

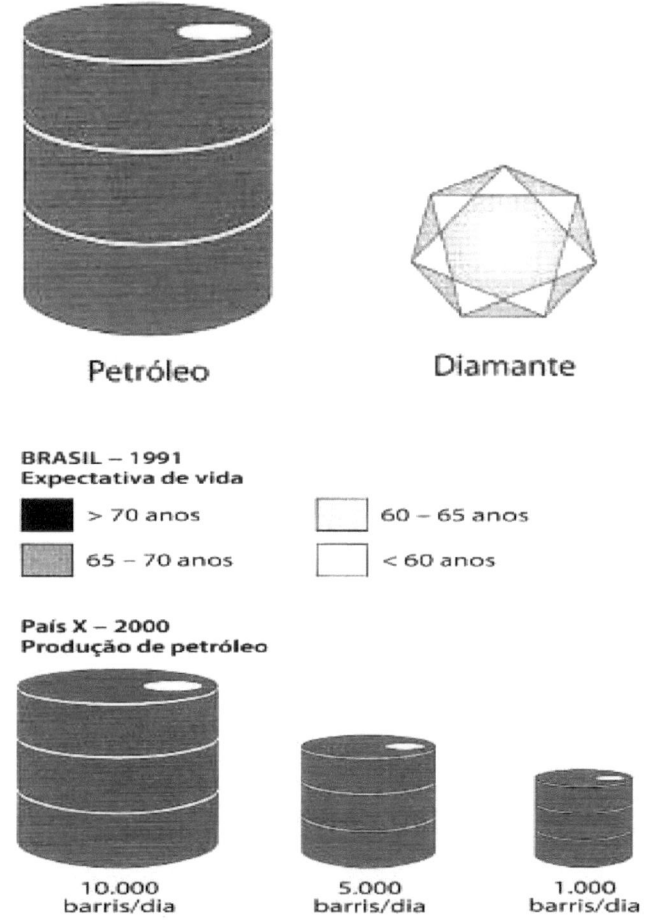

Petróleo   Diamante

BRASIL – 1991
Expectativa de vida

■ > 70 anos   ☐ 60 – 65 anos

▨ 65 – 70 anos   ☐ < 60 anos

País X – 2000
Produção de petróleo

10.000
barris/dia

5.000
barris/dia

1.000
barris/dia

Benutzer erleichtern.

Qualitative und qualitative Informationen.

2) Wasserläufe werden in Blau dargestellt, wobei die gebräuchlichste Nomenklatur verwendet wird. Größere Flüsse werden, soweit möglich, mit einer Breite gezeichnet, die ihrer tatsächlichen Größe entspricht, während Quellen mit gestrichelten Linien gekennzeichnet sind.

3) Vegetationsbedeckung und Anpflanzungen werden im Allgemeinen in Grüntönen dargestellt, wobei unterschiedliche Schattierungen die verschiedenen Vegetationsarten und Landnutzungen voneinander unterscheiden. Es ist zu beachten, dass diese Abdeckung aufgrund von Veränderungen, die seit der Erstellung der Karte in dem Gebiet stattgefunden haben, Änderungen aufweisen kann.

4°) Städte und Ortschaften mit wichtigen Ballungsgebieten können je nach Kartenmaßstab mit einer Vereinfachung der Straßen, im Allgemeinen in Rosa, dargestellt werden. Mit zunehmendem Kartenmaßstab werden die Details (Straßen, Alleen, Häuserblocks usw.) präziser.

5°) Die kleinen schwarzen Quadrate können bestehende Gebäude darstellen. Kirchen und Schulen haben oft bestimmte Symbole, und Gebäude wie Fabriken, Friedhöfe, Fabriken usw. können mit einer bestimmten Notiz daneben deutlicher identifiziert und so leichter gefunden werden.

Die Karten enthalten auch Toponymen bekannter Orte, sowohl allgemein als auch für die lokale Bevölkerung, wie Namen von Flüssen, Hügeln, Städten usw. Einige thematische Karten können je nach verwendeter Grundlage detaillierter sein. Einige Karten stellen beispielsweise Isohypsis oder Höhenlinien als

Sepialinien (hellbraun) mit scheinbaren Zahlen dar, normalerweise alle 100 Meter. Begrenzte Punkte können auch mit ihrem Wert und einem „X" daneben angegeben werden, in Schwarz für die genaue Position oder in Sepia, wenn sie durch Interpolation ermittelt wurden. Ein Dreieck mit einem Mittelpunkt zeigt die Position eines geodätischen oder topografischen Orientierungspunkts an. Gestrichelte Linien mit Punkten zwischen den Strichen stellen Stromleitungen (Hoch-/Niederspannung) dar, während gestrichelte Linien mit einem „x" zwischen den Strichen Zäune darstellen.

Jede zuverlässige Karte muss die verwendeten Konventionen und ihre Erklärungen enthalten, die normalerweise in einer Legende in einer Ecke der Karte dargestellt werden, eingerahmt und mit „Legende" oder „Konventionen" betitelt. Die Legende ist die Tabelle, in der die verwendeten Konventionen aufgelistet sind (FITZ, 2008).

Ein weiterer wichtiger Aspekt ist die Informationsquelle und ihre Referenzen. Die Qualität der Informationen in einer thematischen Karte hängt direkt von der verwendeten Basiskarte und der Glaubwürdigkeit der dargestellten Daten ab. Autorschaft, Erstellungsdatum, Datenbank und alle anderen relevanten Informationen sollten in der Fußzeile der Karte deutlich angegeben sein. Ohne diese Informationen verliert eine Karte ihre technischen und akademischen Qualifikationen, was ihre Verwendung auf weniger anspruchsvolle Zwecke beschränkt.

Wir dürfen die Bedeutung des Projektionssystems und des Maßstabs nicht vergessen. Um die Qualität des Endprodukts zu gewährleisten, müssen diese Aspekte sorgfältig berücksichtigt werden. Wenn Sie eine höhere Präzision anstreben, müssen Sie neben den genannten Elementen unbedingt auch den verwendeten Maßstab und das Projektionssystem angeben, die klar angegeben werden müssen.

Wenn eine Karte ohne diese Merkmale präsentiert wird, muss sie einen Hinweis wie diesen enthalten: „Illustrative Karte, es fehlt an geometrischer Genauigkeit" (FITZ, 2008, S. 54).

Derzeit ist die Erstellung von Karten in digitalen Medien die gängigste Methode. Die Möglichkeiten der IT bringen jedoch auch Herausforderungen mit sich, die noch verschärft werden können, wenn die Informationen nicht sorgfältig behandelt werden oder von unqualifizierten Fachleuten stammen. „Anpassungen", die an einer Karte vorgenommen werden, um sie einer bestimmten Aufgabe anzupassen, können das Material irreparabel beschädigen. Beispielsweise kann das „Strecken" einer Karte sowohl das Projektionssystem als auch den ursprünglichen Maßstab ändern. In einigen Fällen ist es möglich, den Maßstab im Verhältnis zur Originalkarte zu verringern, aber eine Vergrößerung beeinträchtigt die Zuverlässigkeit der erstellten Arbeit.

Die Größenfrage

Die Darstellung kartografischer Daten wird durch ihre räumliche Verteilung charakterisiert und diese Informationen können in verschiedene Dimensionen eingeteilt werden, wie im Folgenden beschrieben:

Dimensionslos (OD): Bezieht sich auf Daten, die keine definierte Struktur haben, wie z. B. meteorologische Daten zu einem Punkt mit bekannten Koordinaten.

Eindimensional (1-D): Bezieht sich auf Daten mit einer einzigen definierten Dimension, z. B. eine Straße, die durch eine Folge von Punkten mit bekannten Koordinaten dargestellt wird.

Zweidimensional (2-D): Bezieht sich auf Daten mit zwei definierten Dimensionen (x, y), wie beispielsweise die Fläche eines Beckens, bei der jeder Punkt auf der Oberfläche bestimmte Koordinaten hat.

Dreidimensional (3D): Umfasst Daten mit drei Dimensionen, wie etwa die altimetrische Darstellung einer Fläche, bei der zusätzlich zu den Koordinaten der Ebene (x, y) eine „z"-Koordinate hinzugefügt wird, die die Höhe darstellt.

Höhenmessung

Während wir über planimetrische Vermessungen gesprochen haben, ist die Höhe auch bei Karten ein entscheidender Aspekt. Die Verwendung von Höhenlinien oder hypsometrischen Farben zur Angabe von Höhen wird dringend empfohlen.

Höhenlinien oder Isoipsen können als imaginäre Linien in einem bestimmten Gebiet definiert werden, die Punkte gleicher Höhe verbinden. Diese Linien werden verwendet, um das Verhalten des Geländes auf einer Karte grafisch und mathematisch darzustellen.

Vereinfacht kann man sich Höhenlinien als Abschnitte (Schnitte) eines Reliefs vorstellen, die in einem konstanten Abstand zueinander gehalten werden.

Als nächstes folgt eine generische Darstellung des Umwandlungsprozesses von einer dreidimensionalen Darstellung, mit konstanter Geländeparzellierung, in eine zweidimensionale Darstellung durch Einzeichnen der jeweiligen Höhenlinien.

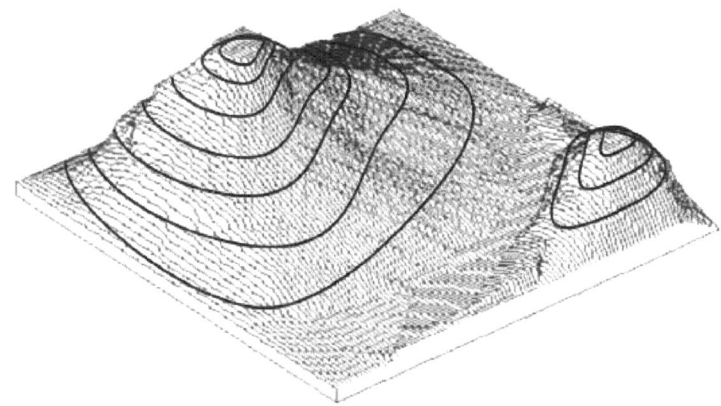

Dreidimensionale Darstellung des Geländes.

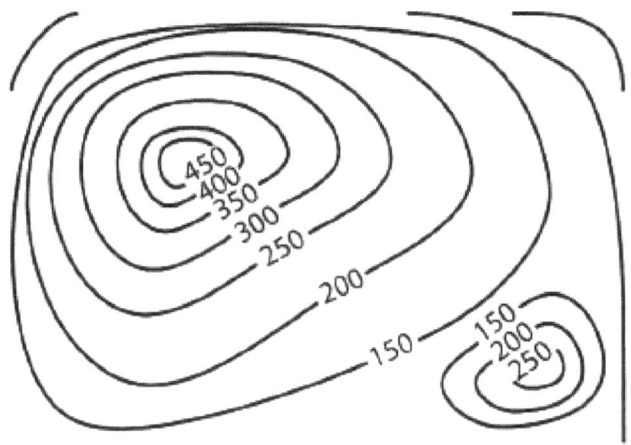

Darstellung von Höhenlinien (Isoipsas)

Thematische Karten

Wie wir bereits gesehen haben, sind thematische Karten bei ihrer Erstellung auf andere Karten angewiesen. Jede Karte, die Informationen bietet, die über die einfache Darstellung des analysierten Gebiets hinausgehen, kann als thematisch betrachtet werden.

Fitz (2008) betont, dass die Qualität des Endprodukts ein direktes Spiegelbild der während seiner Erstellung durchgeführten Prozesse ist. Die Erstellung und Qualität technischer Karten stehen in direktem Zusammenhang mit der Herkunft der erhaltenen Daten. So ist beispielsweise die Qualität einer Boden-, geologischen oder geomorphologischen Karte eng mit der Arbeit verbunden, die von den ersten Feldstudien bis zu ihrer endgültigen Erstellung durchgeführt wurde. In diesem Zusammenhang ist es wichtig, sich an alle Merkmale zu erinnern, die eine thematische Karte haben muss.

Sehen wir uns nun einige Beispiele für thematische Karten und die grundlegenden Techniken zu ihrer Erstellung an. Bedenken Sie dabei, dass einige von ihnen möglicherweise nicht alle oben besprochenen Elemente enthalten.

a) Zonenkarten

Zonenkarten werden verwendet, um zuvor abgegrenzte Gebiete auf der Grundlage von Datenerhebungen darzustellen. Sie werden aus vorhandenen Karten erstellt, beispielsweise aus den politischen Unterteilungen eines Staates, und werden verwendet, um Karten zur Regionalisierung, Bevölkerungskonzentration, sozioökonomischen Ebene usw. zu erstellen.

Schritte zur Ausführung:

1. Wählen Sie die am besten geeignete Basiskarte aus, um die Daten darüber zu legen, aus denen die thematische Karte besteht.
2. Wählen Sie das Farbmuster, die Schattierung oder die Symbole aus, die am besten zur Karte passen.
3. Definieren Sie die zu verwendenden Konventionen.
4. Tragen Sie die Daten in die zuvor ermittelten Bereiche ein.

b) Punktkarten

Punktkarten dienen dazu, Mengen bestimmter Elemente auf klare und ansprechende Weise visuell darzustellen. Sie heben

Standortdetails präziser hervor und ermöglichen so einen Überblick über die Konzentration oder relative Dichte der Daten an den dargestellten Punkten.

Beim Erstellen von Punktkarten ist es wichtig, die Anzahl der darzustellenden Punkte zu berücksichtigen. Viele Punkte können zwar die Genauigkeit erhöhen, können aber aufgrund zu vieler Informationen auch die Karte schwer verständlich machen.

Ausführungstechnik:

1. Weisen Sie jedem Punkt einen darzustellenden Wert zu, beispielsweise 1 Punkt = 100 Einwohner.
2. Berechnen Sie die Anzahl der einzuzeichnenden Punkte, indem Sie den Gesamtwert der Fläche durch den jedem Punkt zugewiesenen Wert dividieren.
3. Positionieren Sie die Punkte an den ermittelten Stellen.

Unten sehen Sie ein Beispiel einer Punktkarte eines fiktiven Ortes, die die Bevölkerungskonzentration entlang einer Straße angibt.

1 Punkt = 100 Einwohner   Skala1:1000
1 Punkt = 100 Einwohner   Skala1:1000

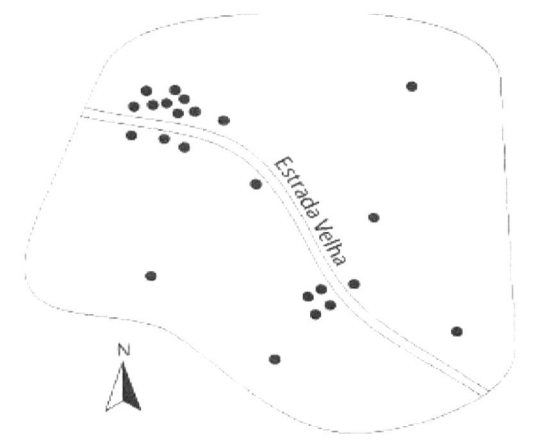

1 Punkt = 100 Einwohner   Skala1:1000

c) Kreisförmige Karte

Kreiskarten werden verwendet, wenn der Schwerpunkt eher auf der statistischen Darstellung von Daten liegt als auf der räumlichen Präzision, wie dies bei Punktkarten der Fall ist.

Ausführungstechnik:

1. Definieren Sie die darzustellenden Werte, um die Interpretation dieser Mengen zu erleichtern.

2. Berechnen Sie den Radius (oder Durchmesser) der Kreise basierend auf den definierten Werten. Dies geschieht mithilfe eines Verhältnisses zwischen den Quadratwurzeln der darzustellenden Werte und dem kleinsten dieser Werte, da die Fläche eines Kreises durch $A = \pi R^2$ gegeben ist.

3. Legen Sie die Einheit des Radius (bzw. Durchmessers) der Kreise entsprechend dem Maßstab der Karte oder den darzustellenden Daten fest.

Die Dynamik lässt sich anhand der Daten der folgenden Tabelle verdeutlichen:

Região	Homens	Raiz quadrada	Mulheres	Raiz quadrada
Norte	60,3	7,76	45,9	6,77
Nordeste	95,6	9,78	80,6	8,98
Sudeste	37,0	6,08	22,8	4,77
Sul	33,6	5,80	19,6	4,43
Centro-Oeste	40,0	6,32	25,6	5,06

BRASILIEN: KINDERSTERBLICHKEIT (%0) NACH REGION (1990)

Compliance-Verfahren

1. Basierend auf der vorherigen Tabelle, die die „Säuglingssterblichkeitsrate in Brasilien nach Regionen" darstellt, wird der niedrigste Wert von 19,6 als Referenz definiert.

2. Berechnen Sie die Quadratwurzel aller in der Tabelle angegebenen Werte.

3. Es wird die Beziehung zwischen den Quadratwurzeln der größten Werte in der Tabelle und der Quadratwurzel des kleinsten Wertes hergestellt.

$$9,78 \div 4,43 = 2,21$$
$$8,98 \div 4,43 = 2,03$$
$$7,76 \div 4,43 = 1,75$$
$$6,77 \div 4,43 = 1,53$$
$$6,32 \div 4,43 = 1,43$$
$$6,08 \div 4,43 = 1,37$$
$$5,80 \div 4,43 = 1,31$$
$$5,06 \div 4,43 = 1,14$$
$$4,77 \div 4,43 = 1,08v$$

4. Mit den ermittelten Werten wird der Durchmesser (oder Radius) des Kreises auf Basis des Referenzwertes (in diesem Fall 19,6) berechnet. Dem Referenzwert wird eine leicht identifizierbare Maßeinheit zugewiesen (zum Beispiel wird für eine Sterberate von 19,6 % 1,96 cm verwendet). Für andere Raten wird der im vorherigen Schritt ermittelte Wert mit dem

$$19,6‰ \rightarrow 1,96 \text{ cm}$$
$$22,8‰ \rightarrow 1,96 \text{ cm} \times 1,08 = 2,12 \text{ cm}$$
$$25,6‰ \rightarrow 1,96 \text{ cm} \times 1,14 = 2,23 \text{ cm}$$
$$33,6‰ \rightarrow 1,96 \text{ cm} \times 1,31 = 2,57 \text{ cm}$$
$$37,0‰ \rightarrow 1,96 \text{ cm} \times 1,37 = 2,68 \text{ cm}$$
$$40,0‰ \rightarrow 1,96 \text{ cm} \times 1,43 = 2,80 \text{ cm}$$
$$45,9‰ \rightarrow 1,96 \text{ cm} \times 1,53 = 3,00 \text{ cm}$$
$$60,3‰ \rightarrow 1,96 \text{ cm} \times 1,75 = 3,43 \text{ cm}$$
$$80,6‰ \rightarrow 1,96 \text{ cm} \times 2,03 = 3,98 \text{ cm}$$
$$95,6‰ \rightarrow 1,96 \text{ cm} \times 2,21 = 4,33 \text{ cm}$$

Referenzwert multipliziert und so die erforderlichen Proportionen festgelegt.

d) Isolinienkarten

Isolinienkarten sind für die Erstellung numerischer Modelle, die häufig mit Gelände verbunden sind, wie Isolinien oder Höhenlinien, unerlässlich. Masterkurven, die im Allgemeinen durch Interpolation von angegebenen Punkten erhalten werden, sind in Abständen von 100 m markiert. Die Äquidistanz der Zwischenkurven, die normalerweise aus den Masterkurven abgeleitet werden, variiert je nach Maßstab der Karte: Bei einem Maßstab von 1:50.000 beträgt das Intervall 20 m; bei einem Maßstab von 1:100.000 beträgt es 40 m und so weiter. Bei größeren Maßstäben werden Hilfskurven mit gestrichelten Linien und 50-m-Intervallen verwendet, um die Visualisierung zu verbessern.

Zusätzlich zu Konturlinien können Isolinienkarten andere Typen enthalten, wie etwa Isothermen (Linien mit gleicher Temperatur), Isobaren (Linien mit gleichem Druck), Isohyeten (Linien mit gleichem Niederschlag) und Isopagen (Linien mit gleichem Frostindex).

Verfahren für den Bau:

1. Führen Sie eine gezielte Datenerhebung mit bekannten Koordinaten durch.

2. Übertragen Sie die erfassten Daten in die Karte (siehe Abbildung unten).

3. Bestimmen Sie den maximalen Bereich zwischen den Datenwerten.

4. Definieren Sie die darzustellenden Klassen.

5. Zeichnen Sie die Isolinien mit einer geeigneten Interpolationsmethode (siehe auch unten).

e) Flussdiagramme

Flusskarten werden verwendet, um Bewegungen in einer Region zu identifizieren, wie z. B. Bevölkerungsbewegungen, Touristenströme, Transportwege, Tierwanderungen und andere Bewegungen. Sie stellen diese Ströme grafisch durch Linien (normalerweise Pfeile) unterschiedlicher Dicke dar, um die Intensität und den Anteil der Ströme zwischen verschiedenen Standorten anzuzeigen.

Grundlage für diese Darstellung sind häufig politische Karten, aber auch schematische Diagramme können verwendet werden. So werden beispielsweise Zugströme in Metropolen häufig auf diese Weise dargestellt.

Verfahren zur Ausführung:

1. Identifizieren Sie die größten und kleinsten Werte der verfügbaren Daten.

2. Weisen Sie jeder darzustellenden Linie einen Wert zu. Eine 1 mm dicke Linie könnte beispielsweise 10 Einheiten darstellen, während eine 5 mm dicke Linie 50 Einheiten darstellen könnte.

3. Lokalisieren Sie die Ursprungs- und Zielpunkte der Flüsse auf der Basiskarte und minimieren Sie Überschneidungen zwischen den Linien.

4. Zeichnen Sie die Linien auf der entsprechenden Karte.

Nachfolgend sehen Sie eine Simulation des Export-/Importflusses zwischen zwei fiktiven Ländern, A und B. Die Richtung der Pfeile gibt das Importvolumen jedes Landes an. Im Beispiel exportiert Land A 3 Millionen Geldeinheiten in Land B und importiert 1 Million. Diese Darstellung kann auf einer Karte oder in schematischer Form erfolgen, wie in der Abbildung dargestellt.

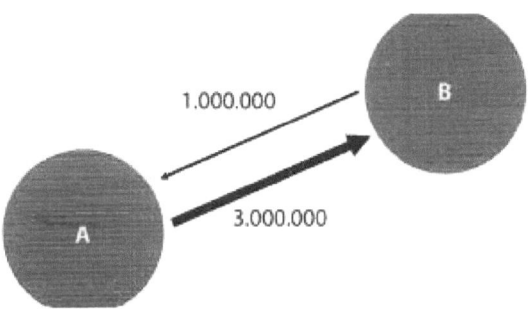

SCHLUSSBETRACHTUNGEN

Die Reise durch die Wissenschaft der Erdvermessung, die von den Ursprüngen der Geodäsie bis zu modernen Fortschritten in der Vermessung und Weltraumtechnologie reicht, offenbart die Tiefe und Komplexität dieses wichtigen Fachgebiets. Die Erforschung der Geodäsie und der Vermessung, ihrer Techniken, Instrumente und Anwendungen verdeutlicht die anhaltende Bedeutung dieser Disziplinen für unser Verständnis des Planeten und für die Entwicklung der Technologien, die unser tägliches Leben prägen.

Von den ersten rudimentären Methoden zur Vermessung der Erde bis hin zu hochentwickelten Techniken der Weltraumgeodäsie hat sich die Wissenschaft der Messungen bemerkenswert weiterentwickelt. Die Integration neuer Technologien wie Satellitennavigationssysteme und fortschrittliche Fernerkundungstechniken hat die Präzision und Reichweite von Messungen verändert. Die Möglichkeit, Daten millimetergenau und in Echtzeit zu erfassen, hat in Bereichen wie Umweltüberwachung, Stadtplanung und Weltraumforschung erhebliche Fortschritte ermöglicht.

Die Beziehung zwischen Geodäsie und Vermessung ist ein klares Beispiel dafür, wie miteinander verbundene wissenschaftliche Disziplinen zu einem umfassenderen und genaueren Verständnis der Erde beitragen. Die Geodäsie liefert die globalen Referenzen und Modelle, die zur Korrektur und Anpassung lokaler Messungen anhand der Topographie erforderlich sind. Gemeinsam stellen diese Disziplinen sicher, dass die erstellten Messungen und Karten genau, konsistent und für eine breite Palette praktischer Anwendungen nützlich sind.

Die Auswirkungen neuer Technologien sind in allen Bereichen der Erdmessungswissenschaften deutlich spürbar. Der Aufstieg von GNSS-Systemen, der Einsatz von Lasern zur Geländeabtastung und die Implementierung von Big-Data-Techniken zur Datenanalyse sind nur einige Beispiele dafür, wie technologische Innovationen das Feld verändern. Diese Technologien verbessern nicht nur die Genauigkeit von Messungen, sondern erweitern auch die Anwendungsmöglichkeiten, von der Präzisionslandwirtschaft bis zur Erforschung anderer Planeten.

Obwohl der technologische Fortschritt die Möglichkeiten der Messtechnik deutlich erweitert hat, bleiben Herausforderungen bestehen. Die Integration großer Datenmengen, die Notwendigkeit von Echtzeitkorrekturen und die Anpassung an Umwelt- und tektonische Veränderungen sind Bereiche, die weiterhin Aufmerksamkeit erfordern. Forschung und Entwicklung in Bereichen wie Weltraumgeodäsie und Vermessung werden sich diesen Herausforderungen weiterhin stellen und neue Lösungen und Perspektiven bieten.

Die Zukunft der Erdmessungswissenschaften verspricht noch innovativer und umfassender zu werden. Mit der Weiterentwicklung der Weltraumtechnologien und der Datenanalyse wird sich die Fähigkeit, unseren Planeten zu verstehen und zu überwachen, verbessern, was eine effizientere Verwaltung der natürlichen Ressourcen und eine bessere Vorbereitung auf Naturkatastrophen ermöglicht. Darüber hinaus werden die Erforschung anderer Himmelskörper und die

Ausweitung der Weltraumforschung neue Möglichkeiten und Herausforderungen für die Messung und das Verständnis des Universums schaffen.

Das Studium der Geodäsie und Vermessung ist nicht nur eine Erforschung von Techniken und Technologien, sondern auch eine Reise zum Verständnis der Zusammenhänge zwischen Wissenschaft, Technologie und Alltag. Während wir weiterhin unsere Horizonte erforschen und erweitern, ist es wichtig, die Bedeutung dieser Disziplinen für die Schaffung einer präziseren, nachhaltigeren und forschenderen Zukunft zu erkennen. Die Vermessung der Erde im globalen und lokalen Kontext spielt eine entscheidende Rolle für unsere Fähigkeit, Herausforderungen zu meistern, Chancen zu nutzen und unseren Platz im Kosmos zu verstehen.

Wir hoffen, dass der Leser durch die Fertigstellung dieser Arbeit ein tieferes Verständnis für die Komplexität und Innovationen in der Wissenschaft der Erdvermessung gewonnen hat. Die Schnittstelle zwischen Geodäsie und Vermessung offenbart nicht nur die wissenschaftliche Präzision, die für unsere moderne Zeit erforderlich ist, sondern auch die menschliche Fähigkeit zur Innovation und Anpassung, um Probleme zu lösen und neue Grenzen zu erkunden.

BIBLIOGRAPHISCHE REFERENZEN

Hier ist die Liste in aufsteigender Reihenfolge sortiert:

1. ALMEIDA, CM Anwendung der Bildfernerkundung und regionale Stadtplanungssysteme. Electronic Magazine of Architecture and Urbanism (USJT) v. 3, S. 98-123, 2010.

2. ALMEIDA, Ariclo Pulinho Pires de; FREITAS, José Carlos de Paula; MACHADO, María Márcia Magela. VERMESSUNG - 1 - Institut für Grundlagen, Theorie und Praxis der Geowissenschaften der Bundesuniversität Minas Gerais, Abt.°. de Cartografia, 2006. Verfügbar unter: www.csr.ufmg.br/geoprocessamento/publicacoes/Apostila%20T op1.pdf

3. ANGULO FILHO, Rubens. Notizen aus Topographie- und Geoverarbeitungskursen. Piracicaba: USP, 2007.

4. BRANDALISIEREN, Maria Cecília Bonato. Geoverarbeitung: Hinweise. Curitiba: UFPR, 2008.

5. BRASILIEN. Gesetz Nr. 6.938 vom 31. August 1981. Verfügbar unter: <http://www.mma.gov.br/port/conama/legiabre.cfm?codegi=313 >.

6. BRASILIEN. NBR 13133. Durchführung topografischer Vermessungen. Mit Korrekturen vom Dezember 1996. Verfügbar unter:

http://www.georeferencel.com.br/old/material_didatico/NBR_
13133_Execucao_de_Levantamento_Topografico.pdf

7. CASTRO JUNIOR, Rodolfo Moreira. Topographie. Vitória:
UFES,   1998.   Verfügbar   unter:
http://www.ltc.ufes.br/geomaticsce/Apostila%20de%20Topogra
fia.PDF

8. CINTRA, JP Vermessungsautomatisierung: vom Feld zum
Projekt. São Paulo: USP, 1993. Kostenlose Lehrdiplomarbeit im
Verkehrsingenieurwesen.

9. CORRÊA, Mónica et al. Einsatz von Geoverarbeitung bei
Umweltlizenzen,   zur   Kartierung,   Quantifizierung   und
Überwachung   von   Mangroven.   Proceedings   des   XVI.
brasilianischen Fernerkundungssymposiums – SBSR, Foz do
Iguaçu, PR, Brasilien, 13.-18. April 2013, INPE. Verfügbar
unter: http://www.dsr.inpe.br/sbsr2013/files/p1241.pdf

10. DI MAIO, Angélica Carvalho. Geoverarbeitungskonzepte.
Niterói: UFF, 2008.

11.   DOMINGUES,   FAA   –   Topographie   und
Positionsastronomie für Ingenieure und Architekten. São Paulo:
Editora McGraw-Hill do Brasil, 1979.

12. FREIBERGER, Jaime; MORAES, Carlito V. de;
SAATKAMP, Eno D. Geodäsie und Vermessung.
Unterrichtsnotizen. Santa María: UFSM, 2011.

13. FREITAS, Thiago de Souza. Was ist Topographie, was ist ihre Funktion, Ziele, Bedeutung und ihre Unterteilungen? Juazeiro do Norte: Universidade Regional do Cariri, 2011.

14. GARRIDO, Mario. Topografische Vermessung – Planimetrie. Campinas: Staatliche Universität von Campinas/Höheres Zentrum für technologische Bildung, 2008.

15. GIACOMIN, Regiane F. Technischer Kurs zum Erstellen von Topographiehandbüchern. SENAI, 2009. Verfügbar unter: http://notedi1.files.wordpress.com/2010/02/apostilla_topografia.pdf

16. GRANELL-PÉREZ, María del Carmen. Arbeitsgeographie mit topografischen Karten. Ijuí: Editora Unijuí, 2001.

17. INUÍ, César. Methodik zur Qualitätskontrolle digitaler topografischer Karten. São Paulo: USP, 2006.

18. LOCH, Carlos; CORDINI, Jucilei. Zeitgenössische Topographie: Planimetrie. Florianópolis: Hrsg. UFSC, 2000.

19. MARQUIS, Ricardo. Einführung in die Geodäsie. João Pessoa: UFPb, 2013.

20. MDE/INCRA. Ministerium für Agrarentwicklung (MDE). Technischer Standard für die Georeferenzierung von ländlichem Eigentum. Institut für Kolonisierung und Agrarreform (INCRA). 2003.

21. MEDINA, A. Der griechische Begriff „Geodäsie": eine etymologische Studie, GEODESIA online, 3/1997.

22. MENKE, AB, et al. Analyse von Veränderungen in der landwirtschaftlichen Bodennutzung basierend auf multitemporalen Fernerkundungsdaten in der Gemeinde Luís Eduardo Magalhães (Ba – Brasilien). Society and Nature, Uberlândia, v. 21, no. 3, p. 315-326, 2009.

23. OLIVEIRA, C. de. Kurs für moderne Kartographie. 2. Aufl. Rio de Janeiro: IBGE, 1993.

24. ORTO, Dora. Angewandte Topographie. Florianópolis: UFSC, 2008.

25. RODRIGUES, Vilmar Antônio. Implementierung des geodätischen Unesp-Netzwerks zur Integration in das brasilianische geodätische System. Botucatu: Unesp, 2006. Verfügbar unter: http://www.pg.fca.unesp.br/Teses/PDFs/Arq0096.pdf

26. SANTOS, Marinalva Nunes Martíns de Andrade. Geoverarbeitungsanwendung für die Verwaltung öffentlicher Straßen in der Gemeinde Itabira MG. Belo Horizonte: UFMG, 2004. Verfügbar unter: http://www.csr.ufmg.br/geoprocessamento/publicacoes/Marinal vaSantos2004.pdf

27. SCHUEDA, Diogo Ehlke. Anwendung von Georeferenzierungstools in der öffentlichen Beleuchtung und Einsatz von Hochleistungsleuchten. Eine Fallstudie in Araucária – PR. Curitiba: Bundesuniversität von Paraná, 2011.

28. SILVA, Alison Galdino de Oliveira; AZEVEDO, Verónica Wilma Bezerra; SEIXAS, Andrea de. Planimetrische topografische Vermessungsmethoden zur Georeferenzierung ländlicher Grundstücke. Tagungsband des 1. Geotechnologie-Symposiums im Pantanal, Campo Grande, Brasilien, 11. bis 15. November 2006, Embrapa Informática Agropecuária/INPE, S. 939-948. Verfügbar unter: http://mtc-m17.sid.inpe.br/col/sid.inpe.br/mtc-m17@80/2006/12.12.13.39/doc/p111.pdf

29. SILVA, HR, ALTIMARE, AL, LIMA, EAC von F. Fernerkundung bei der Identifizierung von Landnutzung und Besetzung im Projektgebiet „Conquista da Água", Ilha Solteira – SP, Brasilien. Agrartechnik, Jaboticabal, v. 26, Nr. 1, 2006.

30. VEIGA, Luis Augusto Koenig; ZANETTI, María Aparecida Z.; FAGGION, Pedro Luis. Grundlagen der Topographie. 2012. Verfügbar unter: http://www.cartografica.ufpr.br/docs/topo2/apos_topo.pdf

31. VELASQUEZ, Iara Ferrugem et al. Anwendung der Geoverarbeitung in der Umweltlizenzierung des Staates Rio Grande do Sul. Verfügbar unter: http://www.fepam.rs.gov.br/programas/paper_geo.pdf.